唤醒潜能

自我进化的26堂课

慕容歌 ◎ 著

江西教育出版社
JIANGXI EDUCATION PUBLISHING HOUSE

图书在版编目（CIP）数据

唤醒潜能：自我进化的26堂课 / 慕容歌著. -- 南昌：江西教育出版社，2019.9
ISBN 978-7-5705-1284-3

Ⅰ. ①唤… Ⅱ. ①慕… Ⅲ. ①人生哲学－通俗读物 Ⅳ. ① B821-49

中国版本图书馆CIP数据核字（2019）第143048号

唤醒潜能：自我进化的26堂课
HUANXING QIANNENG：ZIWO JINHUA DE 26 TANG KE

慕容歌 著

江西教育出版社出版
（南昌市抚河北路291号 邮编：330008）
各地新华书店经销
三河市华润印刷有限公司印刷
880mm×1230mm 32开本 9印张 字数200千字
2019年9月第1版 2019年9月第1次印刷
ISBN 978-7-5705-1284-3
定价：45.00元

赣教版图书如有印制质量问题，请向我社调换 电话：0791-86705984
投稿邮箱：JXJYCBS@163.com 电话：0791-86705643
网址：http://www.jxeph.com

赣版权登字-02-2019-508
版权所有·侵权必究

推荐序

愿你拥有身心一致的幸福和喜悦

徐敬东（著名心理学家，NLP授证导师）

现代心理学指出，人在处于最佳状态时，会感到敬畏、幸福、完美或欣慰，并把这种状态称为"高峰体验"。

研究发现，人在处于"高峰体验"时，是一生中最能发挥作用，感到坚强、自信，能完全支配自己的时刻。当它开始发挥作用，生命机能也就开始了全新的运转，并能产生令人惊喜的力量。比如，你会更有决断力，更坚强，感到身心一致。而对于观察者来说，他会感到这个人看上去比平时更可靠，也更值得信赖。

正如书中描述的那样，当一个人的潜能被唤醒时，很多人也会产生类似的感受。比如，比平时更有力量，更善于表达，有了一种超脱于过去及未来的感觉。事实上，在感到强烈幸福的时刻，你的怀疑、恐惧、忧虑和软弱也会消失，有的只是从当下一刻切入的临在感。

事实上，将"潜能"概念纳入场域之中，不仅扩展了治疗的空间，还会拓展个体的资源范围，让个体在被看见、被关照的过程中，获得身、心、灵三个层面的疗愈。

《道德经》说："吾不知谁之子，象帝之先。"道先天地而生，可以说是一种最原始、最本质的生命动能。当我们从生命价值出发，达成一致的价值观，用高维能量来处理问题时，治疗也就发挥了真正的效用。正如电影《超体》中所描述的那样，当这个宇宙出现生命的时候，它们就在选择。当环境适应生命存在时，它们选择繁衍；当环境不适应生命存在时，它们通过让时间成为变量，来选择永生。

人在诞生之初，就开始了追求幸福快乐的旅程，并在长期的学习探索中，不断寻找"趋吉避凶"的智慧。但每一步几乎都伴随困惑与障碍，于是越来越多的人希望走出人生陷阱，化解心理障碍，发挥自己独特的价值。

支撑人生成长的动力是智慧的拓展和良知的唤醒，它的目标是扶持人类精神世界的成长。假如我们托起一只落巢的鸟宝宝，握得太紧会压扁它，握得太松它又会掉在地上，所以我们要用手做成摇篮圈起它。而"潜能开发"就是作者为个体在当下筑起的巢穴，在这一刻你既能体会到扶持，还能拥有做自己的安全空间。这时候你不仅能安住在自己的"非结构性存在"中，还能让自我在悠然中安住。

生命之美就在于向死而生的璀璨光辉，每一个人都试图绽放出最美的光华，奏出人生的最强音，留存在生命的华彩乐章里。那就毫无保留地活一次吧！让我们一起为生命加冕，为人生喝彩！

前　言

许多人觉得，生活中的困难似乎永远都解决不完。即使我们花费了很多时间、学习了各种技能、做了最精确的打算，可到了做人做事的时候，依然会出不少纰漏，甚至在关键时刻掉链子。

比如，你满怀希望地投入一份工作中，到最后却发现未能晋升，这并不是你的能力存在问题，而是糟糕的人际关系带来了紧张和矛盾。比如，明明已经决定签约的客户，却在紧要关头改变主意，让你措手不及。再比如，你满怀希望地走入婚姻，几年后，却因为某种原因走到了尽头；又或者，你对婚姻产生了某种不可名状的厌烦，甚至开始后悔当年做出的决定……

到底是什么让我们陷入了泥淖，觉得眼前困难重重，步履维艰？我们如何才能摆脱生活中的各种烦恼，让自己的生活质量得以提升？

我建议你从下面三步做起：

第一步，寻找根源。

心理学大师荣格说：能够决定一切的，并非事物本身，而是我们看待事物的方式。当我们转换思维,试着探寻隐藏在问题背后的根源时,会发现大多数时候我们都是被一种情绪所牵引,忽略了我们本身解决问题的能力。看穿了这一层,你会发现原本蔓延在生活中的烦恼,瞬间就变得没那么可憎了。

第二步,唤醒潜能。

现代心理学认为,人自身潜藏着巨大的能量。这些能量在我们日常生活中不会显现出来,只有在合适的情境下,这些潜能才会被唤醒,并发挥其效力。

譬如,遭遇一次电梯事故后,有人就患上了幽闭恐惧症;被蜜蜂蛰了之后,有人就患上了蜜蜂恐惧症……这表明人们能在一次印象极深的不好的事件之后,很快就会对这个事件产生恐惧。同样,人们也能在某种特定的情境下,尤其是在让人印象极深的情境下,打破思维的舒适区,激发出内在的潜能。

第三步,自我进化。

唤醒潜能之后,只要善加使用,就能帮助你解决问题,跳出困境的束缚,从而帮助你自我进化,在人生的关键节点上实现一个又一个突破。

本书围绕作者咨询过程中遇到的各类真实案例,以信念系统为着眼点,视问题为资源,借助心理学专家的精神分析、NLP(神经语言程序学）疗法、完形疗法等方法，系统地阐述潜能激发的过程，从而形成独具特色的潜能开发路径。

本书中系统的自我进化路径，不仅能够帮助个体认清自我、正视困难、重启生命原动力，还能够帮助你的内在发生切实的改变，跟过去告别，迎接更多的可能性。

每个小节中还将包含至少一个心理学原理，如习得性无助、控制力、自我妨碍、自我暗示等，从不同角度和层面说明动力不足、信心匮乏、幼年创伤在生活中的影响等，帮助你了解个人成长、人际交往、追求事业成功时的窍门和路径，从而帮助你摒弃过去错误的思维模式和行为模式，活出全新的自己。

更精彩的是，本书所推荐的心理学方法，可以用于消除人们通往卓越之旅中广泛存在的障碍。你可以用来处理自己的个人问题，同时释放自身真正的潜能。你会发现，在你做什么或是在处理什么时，本书都能帮助你解脱束缚，突破人生障碍。

目 录

第一章 寻找问题根源,优化行为模式

1. 谁拖了潜能的后腿

潜能是什么 / 002
你可以获得什么 / 004
怎样做才能挣脱枷锁 / 005
个人如何释放潜能 / 008

2. 生存策略才是你的人生必修课

活在过去没有未来 / 013
建立正确的生存策略,实现命运自主 / 016
卓越的内在模式,大都有迹可循 / 018
如何提升生存策略 / 019

3. 让能量自由流动

选择成就了真实的你 / 022
命运不曾饶过你,你亦不曾放过自己 / 024
原来人格也会遗传 / 026
每种人格都有其优势和潜能 / 027
内在和谐才能让能量自由流动 / 030
小结 / 032

4. 跳脱自我贬抑，迎来殊胜关系

认识自己是一切的初始 / 035

找准源头才有解决的可能 / 037

幸福只与自己相关 / 039

怎样爱才会历久弥新 / 040

小结 / 043

第二章　激发爱的潜能，修复过往伤痕

5. 看见你的"内在小孩"

连接你的"内在小孩" / 049

善待恐惧，让"内在小孩"强大起来 / 050

"内在小孩"是问题，也是机缘 / 051

"内在小孩"的一体两面 / 054

6. 你为什么会自卑

自卑与超越 / 058

自卑感的来源 / 060

在爱与被爱中获得自信 / 062

7. 让家成为动力之源

爱与控制 / 064

"施"与"受"循环往复 / 066

整合创伤，改变重复性命运 / 068

你才是自己的医治者 / 069

8. 学会跟随自己的心

你是谁就会有怎样的人生 / 073

模式也会遗传 / 075

找到本心，过上你想要的生活 / 079

第三章 找回使命感，用信念唤醒沉睡的"巨人"

9. 唤醒潜能，完成自我救赎

"潜能"的来源 / 085

"潜能"理论的历史沿革 / 089

唤醒潜能的路径 / 091

10. 信念和潜意识发挥作用的机理

信念的来源 / 097

限制性信念妨碍个人成长 / 098

自我价值感不足也与信念相连 / 100

小结 / 103

11. 转变信念，唤醒心中的智者

内耗是身心一致的大敌 / 106

信念是价值观的具体呈现 / 109

你的未来由自己决定 / 112

小结 / 116

第四章　正确认知情绪，激发自身潜能

12. 情绪的蝴蝶效应
人就是个情绪体 / 121
积极情绪创造生活的实相 / 123
消极情绪最初就带着毁灭的种子 / 125
心智模式决定情绪差异 / 129
小结 / 133

13. 准确定义情绪，给抑郁一个出口
认知错误，引发抑郁情绪 / 135
理解是看见的初始 / 137
试着接纳才有未来 / 139
人是万物的尺度 / 141
小结 / 143

14. 超越痛苦，提升内在状态
痛苦通常是自己吸引来的 / 146
痛苦为什么人人避之不及 / 147
重塑心智模式，情绪只是推动力 / 150
小结 / 154

第五章　重新认识你自己，开启生命原动力

15. 把自己置身于你希望的地方
　　镜像他人，确认自我 / 161
　　向内觉察，从源头挖掘自身潜能 / 164

16. 冲破无力感的壁垒
　　被阻滞的成长 / 169
　　怎样认识无力感 / 170
　　无力感的来源 / 172
　　跳脱模式控制，直面生命真相 / 173

17. 别让过去的创伤变成未来的困扰
　　你的内心创造了实像 / 176
　　与过去和解，还身心自在 / 181
　　完善性格，收获幸福人生 / 184
　　小结 / 186

18. 重塑家庭界限，既要亲密又要保持自己
　　问题不在症状本身 / 191
　　改变原有的生命形态才是成长 / 193
　　性格可以代际相传 / 194
　　小结 / 197

第六章　洞悉潜能，提升人际影响力

19. 从三大任务中洞悉潜能
职业选择与潜能 / 201
人际关系与潜能 / 204
亲密关系与潜能 / 208
小结 / 211

20. 网络成瘾，源于爱的匮乏
教育世家的失败教育 / 213
比伤害更可怕的是否认它的存在 / 216
我只想让你看见我本身 / 217
无论"环境"如何，你都是有选择的 / 219
网瘾形成的心理机理 / 220
小结 / 222

21. 摆脱不安和恐惧，重新掌控生活
难以捉摸的安全感 / 224
安全感是如何建立的 / 226
怎样才能找回安全感 / 228
小结 / 230

22. 疗愈自己的无爱感
易被曲解的无爱感 / 231
爱为什么会受阻 / 233
爱的本真 / 236

第七章 创建有再造力的自我

23. 潜意识忠实于过去,也忠诚于未来
尊重序位,仍要活出个性 / 242
找准位置,理性从众 / 243

24. 打破链条,模式决定命运
我只是用自己的方式在爱你 / 247
信念冲突累及亲子关系 / 248
切断负面能量,提升自我价值感 / 250
打破问题家庭的链条,改变命运 / 253
小结 / 255

25. 放手去爱,重获幸福
左手爱情,右手梦想 / 258
你的爱情止于何处 / 260
爱的艺术 / 263

26. 恰到好处地使用潜能,完成生命的蝶变
如何才能吸引财富 / 266
如何轻松应对一场面试 / 267
如何优化人际关系 / 268

第一章

寻找问题根源,优化行为模式

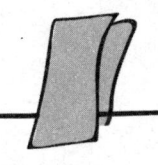

　　一般人只使用了他心智能力的10%,大部分人并不了解自己有些什么才能。与我们应该取得的成就相比,其实我们还有一半以上的才能沉睡着,我们只用了我们能力的一小部分。人往往活在自己所设定的一个有限的空间里,尽管拥有各种各样的能力,却不能成功地运用它们。

——美国哲学家和心理学家 威廉·詹姆士

1. 谁拖了潜能的后腿

蒙台梭利说，人在诞生之初，虽然对这个世界一无所知，但他是带着一样东西到来的，那就是成长的潜力，也可以将之称为"精神胚胎"。弗洛伊德将其称为"生命的能量"，华德福则将其称为"灵性"，还有一些学说将其称为"存在""本体""高我"或"生命力"。这些理论和学说试图通过自己的方式告诉我们，在生命孕育的那一刻，就已经拥有了一样东西，只是碍于环境的制约而未能呈现。我更愿意相信它是一种具有生命力的"种子"，在本书中，我们将其称为——"潜能"。

潜能是什么

作为一个人，我们是非常精细而完整的系统或者结构。如果要实现整体结构的成长,就要完成心理体、认知体、感觉体、情绪体、精神体、身体以及精神胚胎的整体成长。研究发现,当它们得到平衡发展时,"内在潜能"将很容易被唤醒。

但是任何一个部分的停滞或滞后,都将影响其社会功能的正常化。这会致使生命处在不同的次元中,大家共同的可能只是一个物质的世界和内在最原始的部分。完整的成长是指人的"潜能"在其生命系统的中心,各个部分互相连接着成为一个流动的、身心一致的复合体。比如,一个人的手臂受伤了,身体就会行动起来,积极地使手臂痊愈,并使自己再度成为一个和谐的整体。这也恰巧反映出,身体潜能的发挥是内在潜能的外显。毫无疑问,这样的人将是丰满的、立体的、多层次的,并且能通过生命年龄的不同阶段,创造出一个完整的自我。

假如一个人出现精神分裂,通过收摄会得到很大改善。但是心智部分往往无法通过心理治疗来补偿,因为这些从幼年开始的社会经验,是通过不同阶段完成的。当我们按照内在节律探索自身潜能时,就会发现跟随它的指引,就能破译内在成长的密码;当你熟知了它的运作模式,也就能够构建和收获一个完整的自我。唯有如此,你才能体会真正的强大、愉悦和真实。

你可以获得什么

本着探索内在资源的原则,潜能开发系列针对青少年和成年人分别推出了两大成长路径,青少年主要倾向于探索内在节律,通过解读生命中不同的困境,来激发内在成长的动力。成年人则主要聚焦在寻找资源、克服障碍方面,通过了解、分析和发现个体的性格障碍、情绪障碍和关系障碍,来完成不同生命层次间的穿越。当"潜能"开始发挥作用时,它会通过改变一个人的观念,进而改变他的人生。

因此,如果一个人想要活出自己,跟生命融为一体,就必须给潜能一个释放的机会。本书将着重分析成年之后,个体如何通过努力开发自身"潜能"。同时,我们希望告诉你一个秘密:内在成长只与自己相关,当个体降低内耗,达到身心一致的时候,就能发现自己最擅长什么,并依靠领悟完成它。

当然,内在"潜能"的唤醒还需要契机,这通常来自重要他人的指引。当一个人独自徜徉在河水中时,他感到放松、自在和喜悦,任凭身心在河水中伸展。这时,远处传来悠扬和谐的乐曲声,这欢快的乐声把他唤醒,并使他强烈地感受到生命的神奇和美好,生命的"潜能"就这样被打开了。也许在此之前他仍处在朦胧之中,而重要他人的启蒙就是这唤醒潜能的乐曲声。

除此之外,我们还将从自我认知、情绪、信念和人格四大层面进行统合。当我们不断地在生命深层进行体验、当我们在各种内感官中进行强化、当重复的次数达到一定量时,个体也就形成了相对稳固的内在模式,并最终成长为一个内在整合的人。

目前,社会上对潜能开发的普遍认知是:用约定俗成的方法,通过长期、坚持不懈的训练,来完成特殊才能的发掘。这个过程通常要持续几年,甚至十几年。在接触案例的过程中,我们发现通过潜意识对话改变人的内在模式,能实现快速、持久、立竿见影的效果,并帮助个体形成恒定、持久的生命模式,从而更好地适应社会。

怎样做才能挣脱枷锁

古希腊伟大的物理学家阿基米德说:"给我一个支点,我就能撬动整个地球!"可见,只要方法得当,潜能就是无限的。在信息社会,那些拥有海量信息并能将其谙熟运用的人,亦具有成功、快乐的无限潜能。

如你所见,史蒂夫·乔布斯用一台家用电脑在最短的时间内开创了"苹果"这个世界500强公司;特德·特纳仅仅靠有线电视便创造了一个商业帝国;还有史蒂文·斯皮尔伯格和李·艾柯卡,他们都通过内在领悟完成了对自身"潜能"的探索。

正在阅读的你,在投身生活与学习时,是否常常会心生迷茫,感到困难似乎永远都解决不完。比如，你满怀希望地投入一份工作中，到最后却发现未能晋升，这并不是你的能力有问题，而是糟糕的人际关系带来了紧张和矛盾；明明已经决定签约的客户，却在紧要关头改变主意，让你措手不及；你满怀希望地走入婚姻，几年后，却因为某种原因走到了尽头；又或者，你对婚姻产生了某种不可名状的厌烦，甚至开始后悔当年做出的决定；还有我们的孩子，为什么他努力地学习，却无论如何也不能提高学习成绩？渐渐地，他开始不想再走出家门，只顾埋首于游戏之中。

　　细思恐极，慢慢地你会发现，其他事情亦是如此。尽管每次你都慎重地选择，但是现实总有办法证明你是错的。看到与期许相去甚远，你感到愤懑，甚至对自己又怨又恨。如果你正面临类似的情景，你是否想过这或许是因为你未能与内在产生联结，并确立目标且为之付诸行动呢？

　　在此需要说明的是，要想清晰地确立目标，你需要遵循以下原则：

　　1. 尽量用正面的语言，概述你的目标；

　　2. 尽量调动感观语言，具体地描述你的目标；

　　3. 确立目标时，要有明确的时间节点；

　　4. 每一个时间节点，都与一个具体的行为相对应；

　　5. 用服务他人、奉献社会的精神，再次核准目标的实用性。

　　事实上，在我们看来，**问题就是资源**，当一个人以问题为切入点,深入了解潜意识,并在卡点上进行疗愈,就能直接作用于潜能,并使他过上幸福快乐的生活。佛家有句至理名言:人生来一切具足。我们天生具有开心快乐的资源,并且每个人都具有独特的才能,只有在合适的情境下使用,才能发挥其效力。既然我们无法战胜自己,为什么不试着去接纳?既然我们无法解决问题,为什么不将目光关注在未来?

需要明确的是,卓越的第一步是意识到信念是可选择的。比如,你可以选择那些限制你的信念,也可以选择那些引导你成功的信念。信念就像情绪一样,它是动态的、可转化的。这里需要指出的是,信念还直接作用于我们的"潜能"。

选择了正确的信念,下面我们重新审视一下你在重要节点上的人生规划:

1. 首先,确立你的人生目标。然后为其列一个清单:你想要什么,能做什么,想成为什么样的人,能给他人带来什么?

2. 再次审视一下你的清单,并预估一下完成它所需要的时间。

3. 挑选出近期对你来说最重要的3个目标。

4. 列出与之相对应的策略和资源。

5. 请你集中注意力回想一下过去熟练地使用这些资源的经历。

6. 此刻请你写下,这样做会让你成为怎样的人。

7. 请你回看自己的3个短期目标,并迅速写下其中的不利因素,找到让目标协同共进的可执行策略。

8. 请将目标融入你的环境,再次审视一遍,直至你深信能完成为止。

9. 开始持之以恒地行动。

个人如何释放潜能

现代心理学大师们一致认为,我们充其量只使用了不超过10%的心理能力,大多数人甚至不知道该如何使用自己的个人能力。我们的教育体制只教会了我们如何达到某些外部的学习标准,比如,如何读写、如何计算、如何操作等类似的本领。我们学习的有效性通常体现为显而易见的成绩,而非对自身独特的神经回路的出色运用。至今,我们的教育体制仍然极少或根本就没什么办法训练和衡量个体利用其自身反应模式和联结过程的能力,尽管这种内在能力对于创造性和人格发展起着至关重要的作用。

个人意识为迎合外部成就标准,往往会被动地做出程序化的反应,而忽略自身的独特性,致使"潜能"长期或永久处于被搁置的状态。也就是说,我们大多数人的"潜能"仍然停留在无意识和未知状态。解决这一问题的方法是,帮助他们从习得性限制中解放出来,释放自己未知的"潜能"。

有些人是幸运的,他们从很小的时候起,就知道自己要什么,然后一路"过五关，斩六将"，顺利抵达殊胜之境；有些人看上去要倒霉许多，在无明的境况里，摸索很久，仍搞不清自己是谁、要做什么、未来该去哪儿。

朋友说，电影《贝利叶一家》中的宝拉真是一个幸运儿。但在我看来，一个天才的养成，仅仅用"幸运"来诠释未免单薄。从"既定现实"来看，宝拉有一对聋哑父母，他们甚至无法与邻居正常交流。但有一点是肯定的，他们相爱、有共同的婚姻观、视家人为生命。宝拉在这片优良的土壤里出生了，然后在爱和自由的环境中尽情成长，为未来积蓄力量。

宝拉的童年看上去要比同龄人忙碌许多。作为家里唯一一个健全的人，她义无反顾地投入照顾家人的行动之中，几乎没有闲暇。直到她走进音乐课堂，受到恩师的启蒙，才打开了梦想之门。

如你所见，她用早年积蓄的能量、加上重要他人的支持，超越了自身局限，打破了他人眼中的不可能。你更愿意相信这是天赋使然，还是尊重内在节律的成长故事呢？

尽管宝拉的父母是聋哑人，但这丝毫不影响他们对音乐的热爱。在他们的生活里，满是音乐的身影，比如，家人在接宝拉放学时，那响到爆的欢快乐声。尽管宝拉的父母不懂音乐之美，但他们在触摸宝拉喉结震动的一刻，感受到了梦想的力量。更重要的是宝拉在自我探索的重要节点上，得到了恰到好处的引领。

而音乐正是宝拉生命深处的需要，当重要他人尊重了这份需要,她的潜能也就被启动了。所以说,当个体有能力对自身的独特性以及他们千变万化的现实生活情景中的紧急状况进行评估和利用时,就能激活并进一步发展那些早已存在于内部的资源,显著的改变也才会发生。

2. 生存策略才是你的人生必修课

很多时候，个人潜能会受限于某种思维模式，而这种思维模式正是在社会生活中形成的。现代心理学家指出，人们已经拥有了获得成功、快乐所需的所有资源，充分了解自己的内在模式和反应机制，对提升自己和帮助他人都大有益处。假如你懂得如何识别有效（无效）的内在模式，在与人交往的过程中，就会变得更有同情心、更有耐心、更能帮助他人跨越情绪障碍，也更能够有效地实现目标。此外，内在模式的有效运作还能激发潜能，帮助你发现自己与他人的更高意愿，促进内在成长，在现实世界中有更多收获。

毫无疑问，每个人都想成为社会功能良好的人。台湾著名学者傅佩荣老师将其定义为：社会规范要遵守，内心愿望要表达，他人诉求要沟通。这则定义尽管简单，却包含社会环境、内外在模式以及人际关系三方面内容，从某种程度上也暗合了奥地利个体心理学大师阿德勒关于有无社会兴趣是衡量个体是否健康的主要标准的论述。

如果你关注国内外新闻，会发现青少年受侵害的暴力事件时有发生。事后受害者的家人悲痛，大众愤慨，在媒体的渲染下更是引来短时期的关注热潮。许多热心人纷纷举起正义的大旗，试图为受害人讨说法。

事实上，对于已经发生的既定现实，我们无论有多愤慨都于事无补，我们唯一能做的就是不让类似事件再次发生。更重要的是让尚处于懵懂状态的孩子们，学会正确的生存策略，从而更好地适应社会。

现代心理学认为，生存策略是人们深层的、无意识的内在模式，通常在一个人很小的时候就已建立完成，并成了我们内在核心程序的一部分。在我看来，策略是一个人利用资源的方式。**一个人仅仅拥有天赋和才能是不够的，他还需要正确的实施方法。**为了过一条河，我们可以选择乘船，也可以寻找过河的桥梁。

在日常生活中，生存策略会以多种形式表现出来，比如感受到需要退缩、试图变小或不被发现、大脑一片空白、从感受中抽离、顺从、变得被动、试图讨好侵略者、不惜一切代价寸土必争等。在很多情况下，"生存"延伸到超越自身的生存，进而保留和保护我们的身份感、个人正直、核心信念和价值感、那些为之奉献自己的重要角色和关系等。

大部分问题的发生，是因为人们高估了某种模式的有效性，导致当事人采取不恰当的行动，并产生了自相矛盾的结果，使局面进一步恶化，并最终把自己推向了更危险的境地。

举个简单的例子：如果一个人被一头熊攻击，他最好是先躺下来，被动装死；如果遇到的是山地雄狮，这个人则最好先占领地盘，使自己尽可能看起来强大，然后缓慢地后退。经验显示，错误的策略用在错误的动物身上会导致灾难性的后果。同样的，如若将错误的策略用在错误的人身上也将导致无法挽回的结果。

活在过去没有未来

两年前，我的工作室接待了一位名叫小薇的女孩。她刚满24岁，正是花一样的年纪，却给我讲述了一段惊心动魄的情路历程。

她说，大二那年，在老乡会上认识了一个男孩。这个男孩比她大一级，由于兴趣相投，两人不久便确立了恋爱关系。刚开始，男孩儿对她百般呵护，只是会不经意地表现出强烈的占有欲和控制欲，争风吃醋也是常有的事。

后来，小打小闹就演变成酗酒打架。他会因为某个男生对女友友好的靠近，与人大打出手。一旦女孩提出分手，这个男孩就会以死相逼。听上去像极了"江歌事件"中有暴力倾向的陈世峰。

两年后，男友考取了异地的研究生，他们依然维持着这段苍白的爱情。不变的是，他还是会和女孩吵架，甚至暴怒之下还会动手打她。这使她想起了有暴力倾向的父亲，小时候，父亲经常将母亲打得鼻青脸肿，自己像一只胆小的鼹鼠，瑟瑟发抖。

后来，小薇提出了分手，换了手机号，去了另一座城市，在一家 KTV 找了一份临时工作。结果第一天上班就被要求陪酒，在客人对她动手动脚的时候，小薇无助地哭了。好在客人良心发现，将她送回了住处。

当她一身邋遢地出现在我的工作室门口时，我的内心是抵触的。一个正值妙龄的女孩，让人第一眼看上去是抗拒，她的自我价值感该有多低呢？

从生存策略的角度看，小薇的处世模式大都是恐惧和退缩。她的恐惧和不敢拒绝，一步一步将她送到了人生的绝境。

没想到，前男友又辗转找到了她，不仅要求复合，还以死相逼，甚至日夜守在小薇的公寓门口长达一周。那段时间小薇借住在朋友家，不敢回去，每每提及男友都会害怕地颤抖。一周后，男友离开了，她才敢回去。

庆幸的是，在我们的帮助下，小薇坚持了自己分手的决定，这段感情才得以告终。

深度沟通后我们了解到，小薇在幼年时，经常面对父母的矛盾、冲突、指责和对抗。长大后为了寻找熟悉感和对原生家庭的忠诚，她一再让自己陷入类似的情境中，无法自拔。她只有将注意力投向暴力，才能让生命进入一种流动的状态，也正是幼年时冻结的能量，带给了她这样糟糕的经历。

组织关系最稳定的状态就是每个成员都保持必要的界限，既要融入集体，又要保持自己。家庭也是如此，既要与家庭成员保持亲密，同时作为个体又需充分地分化自己，让自己不至于过分卷入他人而失去自我。

后来导入模式后，小薇看到父母全身心地呵护自己，并在自己需要的时候给予了有力的支持。在无条件的抱持中，小薇逐渐从匮乏到饱满，补齐了幼年缺失的心理资源。冻结的能量重回流动状态之后，我们还优化了她的生存策略模式，超越了旧有的模式限制，小薇也开始有了崭新的状态。重生后的小薇，不仅成功通过了医学资格考试，被青岛的一所医院录取，还找到了心仪的老公。目前小薇已育有一个女儿，家庭生活非常幸福。

假如将人脑比作计算机，它也是靠一些应用程序在运作，而应用程序的高效与否直接决定系统是否高效。所以，想让应用程序升级，就需要模仿一些高效的方式，并安装在我们的潜意识中，以此在短时间内获得一系列生活范畴的改变，而完成这些改变所需要的步骤即为策略。

毫无疑问，江歌和小薇她们都是单纯善良的姑娘：一个喜欢帮助朋友、为朋友两肋插刀；一个总是受制于人，无法脱身。她们都面对一个相同的问题，那就是没有建立起良好的生存策略。江歌是一个好人，典型的付出型人格；小薇是一个弱者，典型的依附型人格。然而她们又有一个共同点就是命运无法自主。问题出在哪里呢？就是因为她们没有充分认识到周围的环境、人际交往可能会对自己造成的潜在影响。

建立正确的生存策略，实现命运自主

通常生存策略指向实用的、有效的、可以立足的、有价值的东西，而我们的教育却将更多的精力投放在理论和技能的学习上，较少关注体验层面，这就导致了与现实的脱节。

很多大学生反映说，走向社会之后在感受到内心强烈的冲突、迷惑、挫败的同时，还觉得无所适从。他们不仅不懂如何与人沟通，还缺乏将工作条理化、系统化的能力，经常感到自己是悬空的。在此，我们将这一类心智称为"悬空的心智"。

简要分析一下"悬空的心智"对人类生存的害处：他们的心理年龄远远滞后于实际年龄；其言语和行为模式明显与同龄人脱节；遇到复杂的工作和人际关系时，往往会变得束手无策，然后将问题交给父母。如果在父母身边，则会让他们陷入重复的迷局里，看上去永远无法长大。

所以说，当一个人的命运无法自主时，通常也与社会环境、内在模式以及人际关系相关，每一环有所欠缺都可能会对个体造成潜在的威胁。而在生存策略形成的过程中，原生家庭又发挥了举足轻重的作用。

荣格说母爱是我们一生中最让人感动、最不能忘怀的记忆之一，是一切发展与变化的神秘根源，这份爱意味着回家、庇护以及万事万物"始于斯，终于斯"的长长的沉默。小薇的坎坷，让我们看到了原生家庭对于一个孩子的重要性。在小薇的潜意识中，是缺乏自我认同的。所以在有了可以显示自己价值、证明自己的存在感的机会时，她会选择一次次地卷入复杂的关系中，却没有考虑这样做给自己带来的危害。

如果小薇在走向社会之前，能多了解一些生存策略，多懂一些成长的方法，经历何至于如此坎坷、如此致命呢？教育，本应是教育人安身立命，然而大多数人却仅停留在知识的层面，未能进入体验的深层，充分洞察爱与人性。

总之，定期回顾、丰富和更新我们的生存策略至关重要。我们要拓宽选择范围，以扩展新的可能性，它可以帮助我们把新资源带进我们认知的各个层面，从而优化我们的人生。毕竟父母把我们辛苦养大，就是希望我们平安出去，再平安回来。

卓越的内在模式，大都有迹可循

心理学家指出，一个人的生活质量并不取决于所遭遇的事情，而是取决于对所遭遇事情的认知。而一个人选择的认知内容，决定了他的感知和行为方法。

史蒂文·斯皮尔伯格，无疑是美国电影史上的天才导演，如果仔细研究他的成长史，不难发现他是一个建立了正确生存策略，并实现命运自主的人。

斯皮尔伯格8岁时就立志要成为一名出色的电影导演。通过大量实践，他于13岁那年拍摄了自己的第一部作品——时长40分钟的战争电影《无处容身》。17岁时，他专门拜访了环球电影公司，详细观察了如何拍摄一部真实的电影，并与编辑部的负责人进行交流，自此他的生活发生了根本性变化。今后数十年，斯皮尔伯格像完成使命那样，全情投入电影事业中。

值得一提的是，斯皮尔伯格第二次拜访环球电影公司时，穿着西装，戴着领带，手里拿着三明治和糖果棒，并在别人丢弃的空白卡片上贴上"斯皮尔伯格，导演"的字样。然后，他整个暑假都在那里和导演、编剧及剪辑师交流，他在梦想中徜徉，从环境中汲取营养，逐渐形成了一个优秀导演所需的心智模式。

3年后，斯皮尔伯格为环球电影公司拍摄了一部温情影片，还因此获得了一份为期7年的合同，并有幸执导了一部电视剧。

斯皮尔伯格通过正确的生存策略，发掘出自身最大的潜能，为了实现目标，他灵活地调整自己的行为和做事方式，最终过上了自己所期望的生活。

如果将人的意识比作充满激情地在草地上奔跑的足球运动员，他的目标是足球，并随时关注着球场上的变化；而人的"潜能"就像是运动中的足球，它拥有更广泛的意识范围。当一个人启动了自导航系统，就会促使他身心一致地朝着目标进发。

如何提升生存策略

本节中，我们着重强调了生存策略对一个人的重要性。那么，我们应该如何调整观察角度，提升生存策略呢？

1. 思考一个当下困扰你的问题或情景，充分体会你过去的生存策略。进入情景之后，让情景浮现在眼前。你看到自己用过去的模式，所做出的行为，可能会导致的后果，然后明确自己目前持有的是怎样的生存策略（即反击、逃避、惊呆了、缩小、使自己变得透明等），它们可能是一种模式的重复或多种模式的叠加。

2. 从你受困扰的情景中退出，然后反思这种行为模式的有效性，并体会在这个情景中，自己在视觉、听觉、触觉、味觉上都有哪些反应，在精神上都带来了哪些冲击。然后进一步探索，如何才能拥有更多的内心能量，以应对当下的困境。你尽量查看事情的全貌，探索更多的可能性，比如你要如何改变现有的行为，是扩大它的影响范围，还是应该缩小或者需要一些转换，然后想象成是你体内的智慧老人指导你做出了改变。

3. 从刚才的位置后退一步，离那个情景远一点。这时你进入到了一个观察者的位置，就好像你在观察情景中的自己，然后会对整个事情有进一步的判断。

A. 这时候你需要注意一下，作为旁观者的你是如何看待这个情景的？作为一个生存问题，你感知到了什么？对于你自己、相关联的人和整个情景，你都抱有怎样的信念？

B. 思考某些你当时以一种完全不同的、更足智多谋的方式行动和反应的时间和情景。请你用这种活在当下的状态，重新进入情景，并实施有效的行为。

C. 搭建一个"信念之桥"，与问题情景相连：感受你智慧地采取行动之后，内心升起了什么样的信念；为了在有问题的情景里采取新行动，你需要拥有什么样的信念呢？这时候智慧老人再次出现，帮助你确认自己的信念。

D. 重新进入问题情景，采取行动，"假如"你已经拥有了这个信念以及与之相关的各种类型的行为，结果会有哪些不同？

4. 再一次退出问题情景，这时候你可以跳出自己的经验范围，寻找在生命中你能采取行动的范围。试着寻找完全不同行为的范围，你不曾拥有的、更大系统的可能性。

5. 退后一步，让自己渐渐进入一个"不知道"的状态，在其中你感到自己是有中心的、对所有可能性开放的，并且不做任何判断和解释，尽量使自己连接到更大的系统和宇宙中心。回忆智慧老人拓宽了你的视野、使你发现了更多的可能性，他成为你生命中的唤醒者。请你深深地记住当下这一刻的感觉，每次当你打"响指"的时候，会重新体验这种感觉。现在请你带着自己一路学习的内容，重新回到一开始的问题情景中，并做出相应的行动。

3. 让能量自由流动

这个世界上，人分为两种：一种是能量可以自由流动的，一种是能量堵塞的。能量可以自由流动的人想事情比较积极，性格比较柔软；而能量堵塞的人做事情比较消极，性格比较僵硬。比如，同样面对堵车，前者会想"明天要早点出门，趁着堵车的时间，好好想想今天的工作"，而后者则会想"一大早就这么不顺，真是倒霉"。能量堵塞的人如果不懂得及时疏通，负能量就会积压在身体里，影响潜能的发挥。

选择成就了真实的你

提及爱情你会想到什么？是"蒲苇韧如丝，磐石无转移"，还是"身无彩凤双飞翼，心有灵犀一点通"，抑或是"但愿君心似我心，定不负相思意"？可惜，这个世界上很多爱情，与此都不沾边，很多人往往在不明就里的情况下，爱上了曾经以为不会爱上的人，并为此尝尽苦涩纠结，但又剪不断理还乱，弄得自己痛苦不堪。

芮老师和老公的爱情，大概就属于此类。她心里一直都很确定老公不是自己喜欢的类型，平日里也是爱答不理。即便如此，当离婚传票赫然出现在她眼前时，依然让她几乎崩溃。

芮老师说，她是家里的第五个女孩儿，出生前夕，父母对儿子的期盼已经到了近乎癫狂的状态。产婆来的时候，爸爸把四个姐姐关进了南边的屋子。在听到产婆说新生儿是女孩儿的时候，他几乎掀翻了院子里的一切，然后摔门而去。被关起来的女儿们，就像被遗忘了一样，直到天黑了，哭得筋疲力尽的妈妈，才想起她的另外四个孩子。

四个姐姐用"黑暗的一天"来形容芮老师的出生，重复得多了，也就为她的生命打上了灰暗的色调。她不止一次说起，自己是不该来到世上的人。这种低自我价值感和低自尊，跟随了她将近40年。

芮老师说如果不是婚姻出现危机，她也许永远没有机会了解自己。她用一年的时间阅读各种类别的心理学书籍，从经历中不断剥茧抽丝发现：是父母的排斥和厌恶，是她经历过的那些创伤和现在不堪的经历，让她日趋抑郁、狂躁、强迫、偏执，人格发展也才呈现了如今的怪模样。

有很长一段时间她恨自己、恨父母、恨命运的不公，甚至用愤怒来诅咒可悲的现实。这种对过去的憎恨，几乎要将她多年的努力毁于一旦。

当我告诉她：是的，我理解你的痛楚，那些过去的问题和遭遇，正在深刻地影响着你。可是没有人问我们的父母，过去曾经历了什么，又承受了什么？**你要知道，所有的过去，都不能说明你是谁，但每一个此时此刻的选择，成就了真实的你。你要知道，你是有选择的。**

她说忽然感觉心头释然了，当她试着接纳，不再逼迫自己，也就有了一些力量理解过去。

转变就这样在不经意间发生了。

命运不曾饶过你，你亦不曾放过自己

20岁时，芮老师与一个才华横溢的年轻人相爱，他不仅为人善良而且感情细腻。在那段时光里，男友对她的包容、体贴、呵护，让匮乏关爱的她无所适从，因为从小到大从没感受过这样高品质的爱，她感觉自己在幸福中迷失了。

焦虑也是在那时出现的。习惯了痛苦的她，面对突如其来的幸福，却如坐针毡。对自己的贬低和厌恶，让她觉得自己差极了。

战战兢兢的她，生怕一不小心爱情就像海上的泡沫一样消失得无影无踪，她甚至想尽办法试图毁了这一切。

她说从记事起，妈妈就没对她笑过，每天都是一副忧心忡忡的样子，一点小事就会心烦意乱。每次出门前，妈妈总要求孩子汇报详细的出行时间和地点，如果没有按照约定的时间回来，她就担心是不是发生了意外。那时的芮老师像极了焦虑的妈妈，总是过度焦虑着两个人的未来。

最后，忍无可忍的她决定结束这段感情，终止自己的焦虑。可悲的是，焦虑终止了，爱情却也迟迟未再出现。

投入工作后，芮老师遇到了现在的老公。一年后，她盲目地走入了婚姻。然后两人以一种相对隔离的状态，平淡地生活了12年。她以为婚姻就会这样不痛不痒地继续下去，但生活处处充满暗礁，不是将问题包一包搁起来就会相安无事的。

在生命的头20年，芮老师总抱怨命运的不公，可后20年在可以自主选择的情况下，她仍没有过上欢快的生活。**所谓的命运是从我们内部走出来，并不是从外部向我们走进。**只因为有许多人，当命运在身内生存时，他们不曾把它吸收，所以他们也认不清有什么从他们身内出现。

原来人格也会遗传

通常，在某些性格特点过于明显或过于固化、无法适应不同情况，并令当事人或他人不堪忍受时，人格才会成为障碍。大多数人格障碍是遗传性和教育经历的混合产物，而非当事人的主动选择，试想谁会主动选择过分焦虑、过分冲动、过分多疑、过分依赖或者过分沉迷于细枝末节呢？

焦虑作为一种情绪，有时候会让我们感到不适。但正是因为这种不适，我们才会认真复习功课、精心安排行程、尽可能提前赴约……但过于焦虑，又会让当事人缺席他们无法胜任的重要演讲，以逃避未知的麻烦。所以，焦虑既可以成为掌控形势和规避风险的催化剂，也可能成为一种障碍。

电影《汉娜姐妹》中，伍迪·艾伦饰演的米基整日忧心忡忡，怀疑自己得了某种疾病。有一天，他走入诊所，当医生告诉他没病时，他的心情却一下子沉重起来，心想："是啊，可是总有一天我会出什么毛病的。"这就是典型的焦虑型人格障碍。

作为当事人，在发现人格障碍时，接受它的存在，往往会引导患者走向觉察和改变。正规的心理治疗对焦虑症也具有非常积极的意义：

1. 治疗师可以通过定义症状，让患者明白它们具有某种可以理解的含义。

2. 治疗师可以唤起患者深度疗愈的信心。

3. 让患者明白每个人都是自己的治疗师。

4. 在一段稳定而持久的关系中，患者通常会获得强大的精神支持。

富朗索瓦·勒洛尔在《无处不在的人格》一书中说，当我们以焦虑来对抗更深层的、无意识的焦虑时，通常是为了对抗过去或更久远的家族遗传部分。从进化论的角度看，今天会有如此之多的焦虑之人，正是因为焦虑的血脉经过自然选择的考验留存了下来，因此焦虑对生存具有一定的价值。

很显然，芮老师承接了父母身上焦虑的部分，当它不断放大、增量的时候，也就造成了当下的生活困境。

每种人格都有其优势和潜能

患有焦虑型人格障碍的人群，通常无法忍受生活中突如其来的变故。对于他们而言，生活随时可能会抛锚，如果你让他觉得此时此刻是不会引起故障的，那么当下对他来说就是安全的。渐渐地，他的担心就会越来越少。

在面对患者不断出现的焦虑时，我们可以采取一些正面出击的办法：

1. 尽可能让患者习惯自己焦虑的场景，并减小对这一事件的焦虑程度，也就是我们常说的"系统脱敏"。

2. 让患者渐渐相对地看待引发焦虑的事件带来的后果，并认识到这些后果并非不可收拾。

芮老师说尽管她从未重视过自己的婚姻，可是面对老公的离开，还是会感觉痛不欲生。她说，最初的几天里她几乎无法成眠，每到深夜，就像失心疯一样在屋子里走来走去，还要面对时不时袭来的心颤和冷汗。在一次失眠之后，她给我发信息说："人们总习惯将女人喻作娇艳的花朵,我这朵花,怕是要过早地凋谢了。"然而我更加担心她会被自己内心的风雨击垮，那时候的她几乎被愤怒和自私控制、霸占了，鲜有生命的活力。

在婚姻这个看不见硝烟的战场上，我第一次发现自己的能力是如此有限。我们论及了古代婚姻制度，以及这种制度在男权社会的发展和延续。回去以后，芮老师将自己的写作方向延伸到了宫廷剧，看着她在网络上发表一篇篇文章，我仿佛感觉到她已经凝固的能量正在慢慢驱散开来，重新焕发了生机。

事实上，无论面对哪一种人格类型，一旦你找到看待自己和这个世界的视角，就会更容易理解一个人的行为。比如，妄想型人格会认为"这个世界是不安全的，我不能相信任何人"，假如我们能够了解他的信念是如何影响行为的，就能以接纳的心态泰然处之。

人格障碍患者的行为往往不受人待见，而且会有不负责任之嫌，但这也并非当事人主动选择的，它们大多是遗传性和教育经历的混合产物。需要指出的是，对于这种情况，接受往往是引导当事人改变自己行为的前提条件。

比如，你和家人准备自驾出游，可是在醒来的时候发现天空下起了大雨，如果你没有因此感到沮丧，而是悠闲地与家人共享一段美妙的时光，说明你已经接受了"天有不测风云"的事实。毕竟面对自然之力，我们的愤怒和抱怨往往都是徒劳的。而人格障碍就如同这些自然现象：它们是一种客观存在，不会受时间和空间的限制。

持进化论观点的心理学家曾说，某些人格之所以能够代代相传、延续至今，是因为它们自身蕴含着有利于生存和繁衍的潜能，从而在进化的过程中成为遗传的优选对象。对于焦虑型人格而言，正是因为他们总是小心翼翼，寻找最为安全的路线，时刻保持警惕，提前备好足够的食物，能够与勇敢的人保持一种平衡，才增加了他们生存和繁衍后代的机会；对于妄想型人格来说，多疑能够提前防范敌人，躲避潜伏的危机，从而提高了成为领袖人物的可能；对于表演型人格来说，适度的表演可以帮助他们成为不错的演员、律师、政客或公关人员，拥有一份令人艳羡的高品质生活；正是强迫型人格要求事事完美的思维模式，让他们在越来越注重规范和统一的现代社会中拥有一席之地；提到自恋型人格，首先让人想到的是他们高人一等的优越感，事实上，也正是这种自如的炫耀，令他们获得了成功，因为他们坚信自己是最好的，是有能力的，也是值得的；依赖型人格者通常更容易获得帮助；等等。

如此看来，每一种人格都有其自身的优势与潜能，正是蕴含其中的智慧，帮助人类在历史的长河里维持生存、不断繁衍。当我们能够更好地了解、接受人格障碍时，也就可以更好地应对它，进而选择更为恰当的方式对待它。

内在和谐才能让能量自由流动

"西医院士"樊代明老师说："生命是一个典型的复杂系统，只有在一定层次上才会出现。生命的特征不是各部分、各层次的简单相加，整体特性也不能简单还原。"简单几句话道出了生命的珍贵。

真正的治疗从来不站在哪一方，而只遵循人性的真实和应有的状态，无论美丑、善恶、强弱，我们只选择看见、接纳和转化，因为这才是完整。也只有当我们接纳了系统的完整性，能量才会真正地自由流动。

如果我们把一个人解构，会发现蕴藏其中的未知层面，比如，人格、关系、信念、能力等。尽管这是一些不可触摸的根系，却在无形中深刻地影响着生命的运转。

在遇到困境时，逃避、焦虑并不能解决问题。我们只有正视它，才有可能解决它。因为问题本身就蕴含着潜能和资源，找到了这些也就找到了解决问题的契机。如果问题是能力所致，我们可以从能力入手；如果是信念所致，这其中还暗含着解除限制性信念的资源和优化人格的潜能；如果关系出现了危机，当我们着眼于纷繁复杂的关系网时，就会发现其中蕴含着分散的资源。完整的人格通常关乎优良的信念系统与和谐的社会关系，在困境中发现的问题越多，解决问题后的收益也就越大。

所以，马斯洛将注意力聚焦在自我实现上。而在潜能开发系列中，我们将眼光聚焦于内在和谐，它是一个人走向圆满的基础，也是一个人完成自我实现的终极目标。

小结

如何应对焦虑型人格

一、应该做的：

向焦虑型人格者表明自己是可靠之人；

施以善意的幽默；

帮助焦虑型人格者辩证地看待事物。

二、不该做的：

不要让你自己被焦虑型人格者支配；

不要给焦虑型人格者意外惊喜；

不要徒劳无益地跟焦虑型人格者分享自己担心的事情；

避免谈及令人不快的话题。

如果焦虑型人格者是你的上司：成为令他安心的信号；

如果焦虑型人格者是你的伴侣：不要告诉他你参加了山崖跳伞；

如果焦虑型人格者是你的同事或者合作伙伴：懂得利用他的焦虑来防患于未然。

（引自弗朗索瓦·勒洛尔，克里斯托夫·安德烈《无处不在的人格》）

4. 跳脱自我贬抑，迎来殊胜关系

很多人有恐婚的念头而不自知，以为是一直没遇到合适的人；也有人缺乏基本的生存策略，通过不断给生活设障来提升存在感。大多数情况下，我们是带着原生家庭的创伤在生活，哪怕不尽如人意，只要在可承受的范围内，你就觉得可以勉强继续。

事实上，我们每个人出生时，都自带幸福快乐的"潜能"，它是生命诞生之初，无意识赐予我们的惊人能力，力量超凡而巨大，只要我们掌握了开发潜能的正确方法，就有希望在能力所及的范围里无所不能。在人际关系中亦是如此，只要我们掌握了优化关系的模式，便能在当下筑起巢穴，这时候你不仅能安住在自己的"非结构性存在"中，还能让自我在悠然中安住。

我的朋友英子眼看就要31岁了，还是没有青年人得了她的法眼。父母心急如焚，可是想到她完美的择偶要求，大家都觉得为难。面对亲友的一致责难，她满心委屈地跑来跟我说："难道不将就是我的错吗？难道人活着就得这么为难自己，跟不喜欢的人在一起吗？那样的婚姻有什么意思，也不是我想要的。"

是的，这是一个人人都想要自我满足的时代。

在融入一段关系时，大多数人都会带着超乎寻常的好奇心，于细微处发现对方的优点。但随着关系愈加紧密，问题也在不知不觉中产生了。为此你们以问题为基准，陷入了长时间的拉扯之中，疲惫的时候不禁感慨：自己真是越来越难将就了，稍有不合就会接受不了。

当爱情越来越成为一种自我满足的方式时，如果不找一个自己喜欢的，如果这个人不是自己脑海里刻出的标杆，那如何使得？

其实，大多数情况下，我也会如你一般，感受到那颗易碎的玻璃心。

因为太想要过得幸福，发誓这一次一定要做出非比寻常的努力，抱着不将就的态度，誓要将坚持自我进行到底。

在频繁调换工作的人群中，对于这种感觉大概也会比较熟悉。可是，你有没有想过，假如这种无效的坚持，变成了另一种形式的完美主义，你的不将就意义何在呢？

认识自己是一切的初始

爱丽是一名幼师,性格和善,待人宽容,见过她的人总对她赞赏有加。可是她曾几次跟我说:"在爱的人面前,为什么我总会觉得自己不够好?"而她并不知道,这是一种自我贬抑。有自我贬抑心理的人,无论多努力都无法对自己满意。

一个有严重自我贬抑心理的姑娘,面对大小事情都觉得心中没底,更别提拍板做决定了。久而久之,内在父母(我们对自己的现实父母和自己理想父母的内化)总是习惯性地对她进行审判和打压,试想这样的她如何有能力面对婚姻呢?也许在相处之前,就已经满脑子疑问了:这个人真的适合我吗?如果错了怎么办?父母不允许,我是无论如何也不敢走入婚姻的,最后弄得好像深入一段亲密关系成了父母的事。

是啊,如果事情被转移,自己就顺理成章地逃避了责任,无论成败,都可以为自己开脱了。渐渐地,潜意识会推动她将重大事情的决定权拱手让人而不自知。事实上,亲密关系与性格紧密相关。如何做才能重塑性格,进而拥有幸福呢?

首先,我们要通过自我觉察,清楚目前所处的状态。

假如你正处在自我贬抑、自我打压的漩涡里,请你在这份觉察中,接纳自己的不圆满,然后在持续不断地自我抱持中,学会肯定自己。

其次，在每个人的成长过程中，都会或多或少受到一些创伤，如果你在第一阶段的觉察里，看到了那个受伤的"自己"，请你发自内心地认可他、看见他，然后跟他说："毕竟这不是你的错，你只是被吓坏了。你看我已经长大了，现在让我来肯定你、保护你，陪着你一起长大。"

与此同时，我们还要与"内在父母"和解，试着跟他们沟通：我知道在成长过程中，你曾经帮助我、保护我免受侵害，但是现在我长大了，有了保护自己的能力。并不是我们遇到的每个人都会以父母的方式对待我们，也并不是所有人都是有敌意的，我们可以通过辨别，选择与那些同频的人相处。

当我们试着与"内在父母"和解，内化的部分才能逐渐放松对自己的控制，真正的自我肯定、自我疗愈之路才能开启。

事实上，即便当事人已经意识到自己的问题，并愿意付诸行动，性格改变依然会显得非常困难，这是因为改变本就是一个漫长而耗神的"拆除—重建"的过程。首先，我们要做到摆脱过去的行为模式，给自己足够的时间去"消化"改变。其次，接受不完美和不完整的改变，由于一些偏差行为根植于个人的过往经历中，所以想要一次性根除，显然是徒劳的。下面请你思考以下问题：

1. 了解自己的人际关系为什么会不尽如人意？
2. 如何改变自己在面对问题情况时的反应模式？
3. 如何从整体上提高自己的人际交往能力？

找准源头才有解决的可能

通常,深层亲密对很多人来说,是既渴望又恐惧的。因为我们天生具有自我防御机制,为了保护自己免受伤害,会在不知不觉中启动它。

当我们隐匿缺点、收起创伤,以一副看上去很好的样子和爱人相处时,也就在无形中给疏离做好了铺垫。很多人反映说自己无法建立良好的亲密关系,却忽视了设置障碍的人其实就是自己,或者说是自己的潜意识。

每个人都渴望遇到那个可以让自己完全敞开心扉的人,遇到那个了解了自己的全部还依旧深爱的人。当我们一切准备就绪、不再畏惧受伤,当我们遇到爱不再急于闪躲,潜意识才会自动完成更新,放下不必要的警惕和防卫。

当你拥有自主的权利时,就不需要苛求一个完美的伴侣来满足自己了;只有处在关系中的两个人,怀着敬畏的心看见对方的灵魂,才能彼此接纳、彼此照见、相互扶持,也才能从这种物化中解放出来,在相爱的环境中,创造出生活的美好。

那么,两个都渴望自我满足的人遇到一起,会发生什么事呢?

就算再好的人,时间久了也容易看他这里也不够、那里也不成,到头来各自窝了一肚子火,觉得对方一堆问题,自己可不能将就了。

事实上，双方都自觉有理，认为没法将就的故事，比比皆是。比如，你会随时听到要离婚的女人说：对方如何不体贴，婚后家务不做、老婆心情不管、不求上进还打游戏，总之让人无法忍受。男方也是各种吐槽，比如，伤自尊、爱唠叨、不顾家，然后他也不想将就了。最后生活就变成了"食之无味、弃之可惜"的鸡肋。

所以，在完美主义的影响下，不将就慢慢变成了生活中的陷阱，或者你看谁都不合适，从而放任婚姻渐渐变成一座围城。试想，在这样你争我抢的婚姻里，关系要如何深入、爱又该如何流动呢？

当然，首先得承认，性格并无好坏之分。我们要弄清楚的是，自己不将就的到底是什么，因为天底下并没有完美的关系。

假如我们因为对方的小错误，就将其全盘否定了；假如我们仅仅将交往对象看成是满足各种需求的工具；假如你看不见爱人本身，那么他的生命力也就随之失去了。抱着这样的态度找对象，恐怕一生也难以有稳定和谐的关系。

如你所见，抱持此种态度的女性，看上去很有主见，好像非常明确自己想要什么、不要什么，但内心却是一片空虚的黑洞。看上去她更像是在寻求一个完美的寄主，来全面满足自我需求，而并非找一个不完美的伴侣。这其中常常隐含着一种"我自己是不行的，我是弱的，我做不到，所以需要一个完美的男人来满足我"。

而从男性的角度来说呢，他们更愿意将女性物化，活在男权思维里无法自拔。它常常隐含着你当然得服从我、满足我、依赖我。这种思维模式，用荣格的集体潜意识更能说得通，它是一种不自觉的存在，无关我们的头脑。

物化是一件很可怕的事情，我们物化了彼此，就越来越难以交流，更加无法一起创造温暖的家庭环境。在这个过程中，我们不仅闭上了眼睛，还蒙蔽了自己的心，至于爱也就无从谈起了。

幸福只与自己相关

默契是一种深入人心的能力，同时还具有将自己的世界延伸到他人世界中的能力，是完成沟通的核心要素，也是与人相处的必要条件。如果说人是最大的资源，那关系双方的默契就是激发彼此资源互通最有效的方法，也是迅速抵达殊胜关系的捷径。

也许你会说，大多数人都是稀里糊涂地走入亲密关系的，哪有那么多情投意合，婚姻到最后不都是在凑合吗？

但如果一开始，眼睛里只盯着外在条件，只追求家世、相貌、学历等方面的门当户对，恐怕难免会过着过着就不走心了。

并不是说外在条件不重要，但那不是爱情的关键。**长久的爱情，更在于精神和心灵世界的相互匹配。**基于此才会有心领神会、心有灵犀。而内在成长，是我们每个人通向幸福婚姻的捷径。

就像钱锺书和杨绛先生的爱情：我喜欢什么你知道，我需要什么你明白，你懂的我也懂，你喜欢的正好我也喜欢。假如你也想要心与心相匹配的爱情，为什么不在开始之初，就着手疗愈自己呢？

当我们在思想和灵魂上产生共振，彼此心照不宣，你优秀的同时，我也很努力，两人始终处在旗鼓相当的平衡之中，逐渐活成一对灵魂的知己、心灵的伴侣，爱情才会在长久的相伴中，更加绵长，婚姻也自会在岁月的沉淀中，历久弥香。

其实，了解一个人，就像观察一朵花，当我们将注意力投向无形层面时，才能看清事物的本质。然后明白：身高、外貌、金钱，都是心外之物，唯有心与心的匹配，才能成就完美的爱。正如《闻香识女人》中，法乌斯托所说："不要用眼睛去看，用你的心去发现……"

所以，真正的心安，只与自己相关。当你真正开始爱自己，当你明白幸福婚姻是修来的，当你发现原来完美的爱是讲究匹配度的，就能从身边的云层里，伸手触到幸福。

怎样爱才会历久弥新

加拿大心理学大师克里斯多福·孟曾说，亲密关系是表达人生高低潮的一种艺术。就像所有的艺术一样，它也需要个人天分、基本教育和不断地练习。而亲密关系中，深入了解彼此的性格是至关重要的。

西格里夫·萨松曾写过"心有猛虎,细嗅蔷薇"的句子。诗人以此表述爱之细腻,当他想起远方的爱人,心间便升起了温柔的暖意,他小心翼翼地靠近美好,生怕惊落了花蕊上的晨露。

在我看来,两个互相体味、细嗅彼此的恋人沉浸在浓情蜜意中,却也不自觉地甘愿被套上了绳索。爱就像可以无限生长的藤蔓,当我们想着占有,它会在无形中变成束缚;当我们把爱人当成临在,满心欢喜地彼此融入,就会在爱的交融中,变成你中有我、我中有你的双生体。假如你正爱着一个人,一定很期待与喜欢的人永浴爱河,那么请你慢慢闭上眼睛,按照模式的指引,去照见自己的心灵吧。

1. 请你在记忆中找寻深爱的人。

2. 这时候你看到了自己第一次见到他的情景。就像是发生在昨天,你感到一切都是那么熟悉,他的一颦一笑都是那么清晰,你的眼睛一刻也无法从他身上移开,现在请你在体内旋转这个爱的感觉。

3. 第二次见面时,你被他深深地吸引,在你的眼中他是那么的纯洁和美丽,你忍不住上前亲了他一下,发现他立刻变得既性感又迷人。

4. 请你觉察自己都看到了什么、听到了什么、感受到了什么。留意这份爱的流动,并在你的体内旋转这份爱的感觉。

5. 将这些浪漫的经历快速回溯一遍,并放大这份爱的感觉,体会到它在你的全身快速地旋转,你看着它们,并注意自己的感觉,就如同你初次体验时一样,心中充满了悸动,并决定要永远深爱着他。

6. 想象某次你做了一个相当明智的决定,你决心要坚持到底,这感觉就跟你决心要爱他一样。

7. 你的面前出现了两个电视屏幕,这两份感觉同时在电视屏幕上播放着,它们是彩色的、充满动感的,你将这份坚定的感觉融入和爱人相守的画面中,并体会到有一股强烈的能量在体内旋转。

8. 这股能量促使你拉起爱人的手,并把自己的决定告诉他,你想一生一世与他相守。

9. 请你引出新的次感元,并在体内快速地旋转,然后记住这份奇妙的感受。

10. 重复以上动作,直到你想做并且会坚持这个决定。

小结

亲密关系通关指南

1. 最初你被某人吸引，通常是由于情绪上的需求。

2. 这些需求大都是源自孩提时代未被满足的需要。幼儿的两大主要需求是归属感和确认自己的重要性。

3. 幼时的需求便是构筑梦中情人蓝图的骨架。你相信这个梦中情人会满足你所有的需求，尤其是想当特别的人的需求。随着年龄增长，梦中情人的蓝图变得愈来愈复杂，你的期望也愈来愈高。

4. 你会以梦中情人所拥有的特质作为寻觅伴侣的准则。在潜意识中，你把准情人和梦中情人相比，选出和梦中情人最相似的作为你追求的目标。

5. 接着你便借由明说或暗示的期望与要求，着手将选中的人改造成你的理想情人。你相信只要伴侣能变得和你的梦中情人一样，你就能得到渴望许久的爱。你不断地向情人提出要求，心想如果他"真的爱我"，就一定会顺从我。

6.你终究会发现，需求并不能完全得到满足，因而感到失望，甚至愤恨。如果你感到愤恨，这就代表"月晕现象"的第一阶段已经结束了，你进入到了亲密关系的第二阶段——幻灭。

7.想要安全度过"月晕现象"阶段，你就要学会放手和接受。如果你能不把自己的需求强加在伴侣身上，你就能在内心深处找到你真正需要的事物。摆脱了需求的束缚，你才能感觉到纯粹的爱。然后，你能和情人分享的事情就更多了。另外，学着接纳你的伴侣，也能帮你接纳本来的自我，而不再认为你需要些什么来让自己变得完整。学会放手和接纳之后，你一定会明白，你原本就是一个完整的个体，所需要的一切，都存在于你心中。

（引自克里斯多福·孟《亲密关系》）

第二章

激发爱的潜能，修复过往伤痕

　　我们只要掌握必要的方法，时刻保持清醒的内省和洞察，多关注我们正在做什么以及他人对自己的评价，就不难了解自我判断、感觉及动机的真实原因，从而更有效地开发内在"潜能"，活出美好的自己。

——提摩西·威尔逊

5. 看见你的"内在小孩"

有人用"内在小孩"隐喻过去的创伤记忆,也有人认为它是童年时期未受伤的自我状态。克里希那南达曾深入分析过"内在小孩",并指出它的最大特征就是——恐惧。在我看来,"内在小孩"既是指个体受伤的部分,也暗含着潜在的、未被发掘的资源和能量,是个体走向疗愈的指引者。

燕子是我多年的好友,她总是一副温和可亲的样子,大家相处十几年,没见她跟谁红过脸。后来朋友们纷纷表示,在群体中她仿佛是一个轻飘飘的存在,很轻很淡。

有一天,燕子请我为她做转念作业(是一种简单且能有效破除小我的方法,它可协助你检视头脑打结的问题,从紧张、焦虑、不安、忌妒、痛苦的心境中解脱,使生命变得轻松自在,更具活力)期间,她欲言又止的样子,像极了犯错后做检讨的孩子。我跟她说在反躬自问时是没有对错的,你只要表达自己就可以了。

燕子说:"我对自己的家人感到生气、困惑和伤心,他们总是通过评论限制我,而一想到他们可能出现的否定态度就令我感到恐惧。因为不能得到他们充分的爱,这时常让我感到沮丧。"(她开始读自己的作业单)

"很好,下一个答复呢?"我问。

燕子说:"我要他们放下对我的评判,我要他们接受我,我要他们爱我,并允许我追寻自己的梦想。"

我说:"你刚刚提到评论,试想一下评论是不是每个人的权利呢?'父母不该评论自己的孩子'——这是真的吗?事实上他们会怎么做呢?"

"他们还是会评论。"燕子接着说。

我又问道:"是的,那是父母的权利。当你持有'父母不该评论我'的想法时,你会如何反应呢?"

燕子说:"这会让我感到恐惧,因为这让我感觉离他们的爱很远……"

我继续问她:"当你抱定'父母要停止评论'的想法,而他们却继续这样做时,你会如何对待父母呢?"

燕子说:"我会变得容易退缩、叛逆,并对人际交往显得冷漠。"

我说:"非常感谢你的坦诚。所以,你能找到理由放下'父母不该评论自己孩子'的观念吗？试想一下，当你放下它的时候，你会有什么感觉呢？"

燕子肯定地说："我会感到安全。"

我接着说："是的，父母评论我们这是事实。所以，请你反向思考，让我们来看看其他的可能性。"

燕子说："我对自己感到困惑和悲伤，因为我评论自己。"

我继续问她："是的，是否还有另外一种可能性？"

燕子长舒了一口气，继续说道："我对自己感到困惑和悲伤，因为我评论自己的父母和家人。"

"是的，当我们不再评论父母时，才有可能去跟他们谈谈他们的评论对不对。"我笑着说道。

"那倒是真的。"燕子笑着回答，"事实上他们一直在用自己的方式爱我，只是这方式并不令我接受而已。是我的人生观给自己带来了压力，当放下这些不符合事实的念头后，我感觉棒极了。"

通常，我们会很容易发现，一个人坚信自己需要家人的爱、肯定或认可时，会很难找到自己的路，而且这会给他带来不同程度的创伤。在这份转念作业中，燕子看到了自己的"内在小孩"，她发现要家人以自己期待的方式来看待人、事、物，恰恰是以自己讨厌的方式在要求别人。随着反躬自问的引领，燕子在内心深处理解了父母的出发点和动机，同时也更清楚地了解了自己。

连接你的"内在小孩"

你是否也有过这样的感觉?

比如,明明心情大好,却因为一件小事的触发,就无法自控了;在处理某些棘手的事情时,看上去像极了孩子;或者身处闹市常常没来由地悲伤,却无法找到与其相关的记忆。假如我们静下心来,耐心觉察就会发现:情绪背后一直有一个受伤的部分,与我们的感受紧密相随,在这里我们姑且将它称为"受伤的内在小孩"。

那么什么是"内在小孩"呢?

一个人要发展为身心健康的成年人,成长中的每个阶段都有关键性的发展任务。意大利幼儿教育学家蒙台梭利将这些关键性节点称为敏感期,比如绘画敏感期、语言敏感期和数字敏感期等。那么作为孩子,他是期望时刻被照料者看见、关注和无条件爱护的。若孩子们的预期受到挫折、不被满足,则会体验到痛苦与伤害。久而久之,就会带来对世界的不信任、麻木,甚至会导致心灵扭曲。但是潜意识也有很好的自我保护机制,为了避免再次受到伤害,它会采取迂回的方式让恐惧显现,这一方面可以表达一种真实,另一方面也可以与恐惧保持适当的距离。

一般情况下,我们可以用自然的询问来贴近自己的"内在小孩"。比如,我有什么感觉?这让我产生了怎样的感受?因为带有感觉或情绪的字眼,都与"内在小孩"紧密相连。假如我们能够把握住当下的快乐、痛苦、愤怒、高兴或哀伤等情绪,也就可以从当下切入,有了与"内在小孩"对话的可能。

善待恐惧,让"内在小孩"强大起来

多年前,读凡·高的传记《渴望生活——凡·高传》,我为他的天赋才能感到惊叹,也为他一生难以排解的苦闷甚为揪心。但那时我尚不懂这苦闷来自何处,学习心理学之后,才发现它看似来自不顺遂的亲密关系,实则是源于早年糟糕的亲子关系。

通常我们不会立体地去看一个人,尤其是被大众喻为天才的大家。我们更愿意相信,那是天赋使然,他们本就与众不同,也理应过别样的生活。

然而,凡·高在28岁之前,与你、我一样普通,在爱情上也败得彻底,看上去没有人愿意爱他;更不会有人知道,在放弃牧师职业之后,他会有怎样的未来。

凡·高有一个夭折的哥哥,而他母亲则因为沉溺在这份悲痛中,失去了爱的能力。当苦难超越一个人的忍受极限时,就会导致现实生活的坍塌。母亲因为卡在其中,就用对抗、愤怒、苦闷、憎恨来填充凡·高的童年,她甚至看不见这个飘然而至的小生命。

作为替代品的凡·高,渴望被看见、呵护、认可和珍视,但是母亲心中只有念兹在兹的哥哥。在这种情况下，他的潜意识不自觉地认同了哥哥，他多想那个死去的人是自己，从而让母亲免受此难。所以，命运在生命早期就已写就，他一切的努力都是为了那份华丽的成全。

当我们习惯用"内在小孩"来代指受伤的部分时，就会发现这份连接恐惧的意识，总是时刻活跃在神经链上，极容易被触发。然而，当我们按照"内在小孩"的指引，倾听内心的声音，感受那个受到惊吓、伤痕累累、敏感又脆弱的部分，不断满足内心需求，让内心丰盈，勇于体验、勇于表达时，也就有了超越的可能。

幸运的是，凡·高发现了自己的"内在小孩"。他深切体会到了自己的期待、需要、对爱和美的渴望以及自我实现的强烈愿望，并在有生之年，无限放大了"内在小孩"的敏感、好奇和对生命的高度热情，从而成为一个让生命绽放的伟大艺术家。

"内在小孩"是问题，也是机缘

与之不同的是米尔顿·艾瑞克森，作为20世纪催眠界的第一人，艾瑞克森在生活中广泛撒播智慧与爱。他用顽强拼搏、不屈不挠的精神，影响了家族的每一个成员。

众所周知，艾瑞克森以超强的毅力来克服身体的残障及病痛。艾瑞克森17岁时罹患小儿麻痹症，几乎全身瘫痪，但他以超人的意志力活了下来。他把握每个机会去锻炼肌肉,学着用拐杖走路,学骑脚踏车,还独立完成了一次惊险的独木舟之旅。

面对多重残障和病痛的困境,他从未怨怼命运或自暴自弃。艾瑞克森一生育有 7 个子女,享年 79 岁。在生命后期,他还把催眠带进了科学的殿堂。

艾瑞克森是最懂得感谢生命的人,时时处处都显露出一种足智多谋、弹性、创意和即席演出的独特魅力。这种精神不仅影响了整个家族,甚至影响了一个时代。

通常我们更愿意从现象中去认识一个人,然后凭借碎片化的记忆,拼凑出一个"完整"的个体,通过这种模式再拼凑出一个"完整"的世界,进而用不甚准确的世界观来指导我们的生活。艾瑞克森让我们看到,与"内在小孩"对话,让克服恐惧和生命困境成为可能。

通常情况下,我们并没有以爱和悲悯之心去对待自身的恐惧。相反,我们对待自身恐惧的方式有:

1. 假装它并不存在;

2. 用补偿的方式将它阻挡在外;

3. 变成一个受害者,遇到恐惧就去责怪别人、怨天尤人;

4. 一感到恐惧就抽身;

5. 批判恐惧的出现,视之为脆弱、愚蠢或不恰当的表现;

6. 无意识地退缩,并试图找人来照顾我们恐慌的"内在小孩";

7. 每当恐惧出现时，就把它推开。

当我们的恐惧被上述途径所遮掩时，就创造了一道内在的裂缝，使我们的"内在小孩"沉溺其中。一旦我们与"内在小孩"刻意保持距离，也就被带进了深深的孤立中，并且在不知不觉中，成为一座生命的孤岛。

我认识一位自律甚严的咨询师，在过去的亲密关系中，他都是反依赖者，想要无拘无束，而且一直抱怨女友的过度需求。如今面临分手他才发现自己是多么需索无度和惊吓过度，当他面对自己隐藏起来的需求面时，才发现那个因需求而感到恐慌的"内在小孩"。

无独有偶，你也许很容易就发现，那些自己排斥的缺点，就隐藏在内心深处。尽管它隐蔽得几乎不易被察觉，但总会在一个合适的机缘跳出来与我们碰面。在我们自以为志得意满时，也许会在不经意间发现那潜藏得更深、更隐秘的恐惧。

艾瑞克森深谙此道，他随时准备好唤醒"内在小孩"的恐惧和脆弱。他善于抚慰过去的痛苦记忆，也知道如何恢复幼年时的天真，并且努力避免依靠心中的恐惧和欲望生活。他在回归本心的同时，还遵从"内在小孩"的引领与期望。在艾瑞克森看来，"内在小孩"是具有纯洁灵性的存在，他愿意遵从它的指引。也正是如此，他才能在一次又一次的蜕变中，成为宗师级人物。

在临床治疗中，有三个重要的心理治疗目标：治疗过去创伤、恢复自发与纯真本性、学习纪律与接受指引。对于过度压抑的自我应使其逐渐放松,对身处社会情境中却缺乏自律与体贴他人的人,也需要给予适当程度的社会化训练。唯有如此,才能真正唤醒我们的"内在小孩"。

你也许很容易就会发现,我们在与人亲近时、冒险提出创见时、显露真实的自我时、离开熟悉的环境或事物时,都会让恐惧浮出水面。这种恐惧会带领我们发现负面情绪因何而生,我们只有以接纳的态度,通过觉察和发现,才能从否认的漩涡中走出来,也才会发现情绪为何总在一个特定的点上升起。如此,我们便能真正地接纳自己,也才能与受伤的"内在小孩"温暖相拥。

"内在小孩"的一体两面

我们的潜意识会记住悲伤的过往,比如,父母的一次苛责、一段失败的恋情;也会记住令我们感动的事物,例如,一次成功的演讲、一场震撼心灵的交响乐,或者是一次具有疗愈作用的画展等。悲伤的过往会带领我们切入最初的源头,感动的事物让我们看到解决的资源和机会,也就是说"内在小孩"是一体两面的双生儿。

凡·高有一个不被看见的童年,同时也有一个绚丽至极的童年。一方面他缺乏母亲的关爱,那是匮乏之源;另一方面他也在母亲唯美的画作中,看到了救赎,这便是解决之道。

凡·高勇敢地追求爱与美,他全心全意地活在自己构筑的世界中,比我们更加珍惜生命中的每一寸光阴、遇见的每一个人和对当下一刻的体悟。尽管这份爱过于热烈,但他把这当成一种圆满。当他遥望灿烂的星空,他会描绘它的绚丽;当他在阿尔勒的田野里,他会捕捉光影的变幻,雕琢一幅幅燃烧的向日葵,在这极致的美中他体会到了真正的归属感和对生命的成全。

艺术,成就了凡·高,也成全了他隐秘的心愿。

总之,假如我们找到了问题的根源,也就找到了解决之道。我们对待"内在小孩"的态度,通常也决定了问题解决的程度。生命如此宝贵,如果我们不亲自试炼一番,又怎会知晓有那么多人在默默关心、惦念、爱护着我们呢?幸运的是,现代心理治疗技术能够帮助我们看清"内在小孩"的形成和转变,让我们有机会看清生命的流动之美,活出全新的自己。

当我们将人生看作人性的探寻之旅时,就不会急于一探究竟,当我们安于当下、安住于内心时,就能与"内在小孩"在一起,感觉自己很好,也值得他人对你好。

6. 你为什么会自卑

当我们与人谈及自尊、自信时,他们往往会表现出极大的兴趣。而对于自卑却鲜有人提及,因为这通常指向一些不好的经历和体验,所以自卑就显得更加隐蔽且难以捉摸。个体心理学之父阿德勒最早提出了"自卑情结",并对其下了一个明确的定义:如果一个问题出现,某个人对此无法适应或无法解决,他在自己的意识中也承认无能为力,那么他这时表现出的就是一种自卑情结。从这个定义可以看出,自卑的表现可能是千差万别的,愤怒、泪水与道歉,都可能是自卑情结的一种表现。

比如,一个人可能会通过傲慢的言行、夸张的动作来掩饰内心的自卑,在他的认知里还有可能会认定自己要比别人高出一筹。打开朋友圈,你可能很容易就发现许多人在晒恩爱、晒幸福、晒包包、晒美食……事实上许多极力显示优越感的行为,大都指向匮乏，同时也暗含着一种不易被觉察的自卑感。

同样的，一个人对自我的评判会直接影响他的心理平衡。如果评判是积极的，它会让我们高效地行动，会让我们自我感觉良好，并能很快适应和面对生活中的困难；如果对自己的评判是负面的，则会给自己带来各种痛苦和不快，进而影响到个人的日常生活。

从某种意义上说，一个人的主观评价会直接决定其心理障碍的程度。不恰当的自我评价会让周围人感到迷惑不解，因为他们看不到这个人所认为的那些缺点。比如，一位妈妈说："很显然，我们大家一致认为她很聪明，可是她一直强调自己就不是学习的料。我们曾试着与她讨论感兴趣的科目，可她似乎在另一个频道，根本和她无法沟通。"

假如对一个人进行持续十年以上的观察，将不难发现自卑情结会对他的生活和人生产生多么深刻的影响。下面请你花几分钟时间，思考以下三个系列的问题。写下的答案将会帮助你更好地了解自己。

1. 我是谁？我有哪些优点和缺陷？我能做什么？我有哪些成功和失败？我有哪些长处和不足？在我自己眼里，在亲友眼里，在那些认识我的人眼里，我的价值是什么？

2. 我是否把自己视作一个值得被人同情、喜欢和爱的人？我是否常常认为自己不值得被人欣赏和喜爱？我是否按照自己的愿望在生活？我的行动是否与我的愿望和观点一致？我是否因为离理想中的自己越来越远而感到痛苦？

3. 我什么时候曾对自己感到失望、不满和难过？什么时候我会为自己感到骄傲、满意和快乐？

自卑与超越

通过上面的问答，想必你对自己已经有了一些了解。其实，每个人都有不同程度的自卑感，因为我们无法生活在绝对满意的环境里，成长过程中多少都会留下一些创伤，然后有一天，你发现了那个受伤的"内在小孩"，这时候自卑感也就适时地升起了。

研究显示，凡是那些有强烈自卑感的人往往会显得驯服、安静、拘束、不令人讨厌，但这不是唯一的情况。他们之所以会有各种不同的表现，大都是因为一个人的本能会严格受限于自己的某种思想认知，而思想认知恰恰是在社会生活中形成的。因此自卑情结的表现形式，取决于个体的成长环境，尤其是早年的成长环境。

当自卑情绪升起的时候，个体首先是排斥和否定的，因为他们不接纳的态度和行动，到最后才愈演愈烈，发展为神经症。所以，心理学界普遍认为：**自卑就是把应该朝向别人的攻击，朝向了自己。**从某种意义上说，它也属于自我憎恨的一种。

因为人天生有自尊的需要，所以大多数人都想摆脱自卑感的控制，而寻求变化与超越。我曾看到许多人，他们陷入"优越感"的虚妄里，因为这种优越感缺乏现实的基础，所以他们最后收获的是更深的自卑和更加沉重的生存压力。比如，当一个人感觉到自己的软弱时，就会通过愤怒来武装自己，但他心里却比谁都清楚，这样仅仅是达到一种情景的平衡，无异于饮鸩止渴。

那么是否有一些简单可行的方式，便于个人超越和成长呢？首先我们需要明确：任何时候，你都能创造出自己期望的状态；造就你的，不是你的过去，而是你对过去的应对。现将模式总结如下：

1. 请你闭上眼睛，做3次缓慢的深呼吸，并将自己调整到放松舒服的状态。与你的"内在小孩"对话，尽量再现受伤时的画面与影像，请你与画面里的自己对话，并关注此时产生的感受和看法。

2. 这时你会发现看待事物的方法，决定了你对这些事物的感受。那么不妨试着从事件中看到积极的一面，并感受到内心的喜悦。

3. 这时候你会发现积极的画面正充满动感地活跃在眼前。现在请你将先前的画面变小，想象它正远离自己，这时你会发现内心舒服多了。

4. 现在，让积极的画面离你越来越近，越变越大，越来越亮。你会发现快乐的记忆也离你越来越近，画面带着色彩，闪闪发光，

你能看到它的所有细节,然后你听到头脑中有个声音对你说:
"开始享受快乐吧!"

自卑感的来源

在我们诞生之初,就开始了探寻自身潜能的旅程。从婴儿期开始,我们就通过自己的努力,来发现和辨识自己在世界中的力量。通过大量接触环境中的人、事、物,丰富和发展自己,并从中看到自身独特的潜能。

美国客体关系心理学家朱瑟琳·乔塞尔森曾在《我和你》一书中,提出了一个在情感上对于他人紧密联系非常重要的关系模式:抱持、依恋、激情体验、坦诚相见的确认、理想化与认同、共同性与共鸣、嵌入、照料。它们无一不是源自人生早期的客体关系投射,无一不是人际关系的重要因素。乔塞尔森还试图向人们传达这样一个理念:人类的精神疾患皆源于人际关系的不良运作。

如果我们在幼年时,得到的拥抱和依恋太少,总是习惯性地受到人身攻击、人格侮辱、被漠视、被否定、被指责、被遗弃,就会感觉自己没有价值,事事不如人,时间长了甚至开始憎恨自己,形成负面的内心评价,譬如愚蠢、貌丑、贫穷、卑微等,进而形成相应的神经症或人格障碍。他们通常会带有一些相同的特质，那就是：在自我否定的同时，招来别人的攻击，做一些损人不利己的事。情况严重时，还会导致一个人总想避开力所能及的事，避开自己有可能做到的事，拒绝探索自身潜能，从而导致一生的不幸。

在弗洛伊德看来，6岁之后没有新鲜事，这时候大脑已经发育完成，最初的人格也形成了。那么早年受到呵护的人，是不是就没有人格缺陷了呢？答案是否定的，即使在早年有良好的亲子关系，形成了健康的人格，在遭遇重大创伤的时候，依然会退行。

邻居家有个两岁多的女孩，总是随身带着最喜爱的娃娃，甚至睡觉的时候也要放在身边。有一天，妈妈看到娃娃脏了就偷偷换了一个新的，结果孩子发现后伤心地大哭起来。妈妈也许不知道，在那一刻孩子体验到的是人格破碎的感觉。假如妈妈在她哭闹不止的情况下，因焦虑失手打了孩子两巴掌，这时候孩子哭闹得会更加厉害，她甚至会被"我不够好"的感觉占据。如果这样的情况被持续强化，孩子最初的自我憎恨也便开始了。

幼儿没有能力自我调节生理和情绪，只有在成人的帮助下，才能感到安全，才能维持正常的状态，健康成长。我们将这种需求称为爱的欲求，它是幼儿维持生存、成长所必需的。当然，成人的生活中也会出现焦虑和恐惧，这时候如果有外力的帮助，他们就能使情绪更好地稳定下来，并学会自爱。

童年生活如果缺少父母的陪伴，感觉自己不被爱，自卑感就可能逐渐产生。此外，父母管教严，情感方面经常受挫的孩子也会产生自卑感。假如这种感受长时间被养育者忽视，就会以人格的形式固定下来，到了成年依然无法消除。细心觉察我们不难发现，这种自卑感会让当事人不自觉地讨好他人，或追求不适合自己的目标。我的一位来访者，他内心明明渴望成为一名教师，却一直在以律师的身份奋斗着，他跟我说这样才能赚更多的钱，但是工作的不快乐常常让他失眠。

在爱与被爱中获得自信

研究显示，人们通过各项活动主要想满足自身的两大需要：一方面，感觉自己被人爱，比如，被欣赏、被同情、受欢迎、被人渴望等；另一方面感觉自己有能力，比如，表现好、有天赋、能干等。而需要的背后通常都指向对爱的渴望。

在人的一生中，会经历不同层次的爱的欲求，总结下来主要通过三种关系加以体现，分别是：幼年和父母的关系、成年和爱人的关系以及老年和子女的关系。尽管从婴幼儿时候起，我们就渴望得到不同程度的爱，这种爱按照养育关系的不同，个体之间可能还会存在对象的差别。但是研究表明，"爱的欲求"表达最强烈的，莫过于孩子和母亲之间的关系。

存在爱的对象能为个体带来必要的安全感和归属感，不管哪个年龄段，都是如此。这种稳定的关系，还会让个体产生生活有所依靠的安定感。所以，即使面对周边环境带来的各种压力，他也有足够的内心能量调整以待，合理化解问题和困境。

当一个人感受到被爱的时候，自信也就升起了。因为他相信自己在重要的场合能采取恰当的行动，所以他面对出人意料的新情况、新问题时总能做到应付自如，不过度地害怕未知或挫折。一位人力资源总监跟我说，在新员工培训时，我们更关注的是一个人的自信程度而不是技术方面的知识，我们通过对他的弱点和漏洞找茬，故意小小地刁难他一下，让他看到自卑并没有想象中那么不可战胜。渐渐地，大多数人都能在这项练习中学会接纳自己的不足，放下贬低，意识到掩盖缺点或者反击是不必要的。时间久了，他在公司中的行动也会更加容易被大家接受。

所以说，自信不足并不是不能克服的缺陷，毕竟绝对的自信只属于极少数开悟的人。假如一个人在0—6岁期间，未能获得安全感，依旧可以在后期的成长环境中如父如母一般爱自己，并在行动中走向整合。事实上，当我们敞开心扉感受体验的真实，体会关系中传递的爱与被爱时，当我们立足于当下，视问题为资源时，就会发现解决的办法已蕴含其中。它可能是一个人，也可能是一本书，或者是一个解决问题的方法，它会带领你走出这片泥沼，破除眼前的魔障，踏上新的征程。

7. 让家成为动力之源

家庭是社会组成的一部分,它贯穿于生命成长的每一个阶段,对个体的影响是举足轻重的,是个体保持生命活力、积极向上的基础。所以,保持家庭之间能量的良性互动,让家成为动力之源,也是唤醒个体内在潜能的开始。

爱与控制

我是两年前认识茜茜的,那时候她正处在人生低谷,一副苦难看不到头的样子。面对情感和身体的双重打击,豆芽菜儿一样的身躯愈发消瘦,女性特征仿佛被隐晦地遮在了困境之下。她总是自嘲似的苦笑,说自己要是男孩子就好了,这样父母就不会事无巨细地控制自己的生活。茜茜从小就羡慕住校的同学,羡慕他们可以自由地安排学习和生活，而自己除了面对学业压力，还要随时应付从父母那里袭来的指责，每次从家里出来都像背了千斤的担子，如今大学毕业她更加不想回家了。

看样子她是绝不会妥协的，大学那段无疾而终的恋情，几乎耗尽了茜茜的热情。那时候爸爸以男方家境普通为由，反对他们继续发展，可是看得出茜茜从心底里是抗拒的。时隔4年，好不容易再次遇到一个两情相悦的男孩子，爸爸还想这样做，茜茜却不答应了。当她躺在手术台上，切除因恶劣情绪引起的卵巢囊肿时，生命也随之跌入了深渊。

她形容自己就像陷入了一个泥潭，在快要窒息的时候，被人拎着头发拖拽了出来，心中除了感激，还有后怕，害怕重现那份无力的挣扎。如果不是因为婚恋关系再次触发了矛盾，她大概再也不想回到类似的情境中去。

显然，茜茜已经做好了鱼死网破的准备，接二连三地忤逆父亲，以致他扬言要断绝父女关系。在挣扎中长大的茜茜，为了活出自我，也弄了一身的伤。她的第一次逃离是去外地读大学，其间试图在恋爱关系中疗愈自己，无奈遭遇了父母的巨大阻碍，最后以失败收场；第二次逃离是想去更远的地方工作，到了适婚年龄，试图选择婚姻，迎来的却是新一轮更猛烈的攻击。

在茜茜的家庭中，控制和爱总是交织在一起，分不清彼此，父母子女在互相伤害中，备受其苦。于是，我更加肯定**在家庭关**

系中，没有绝对的施害者与受害者，却有最初的源头。

那么，假如在生命之初，为人父母者能够全心全意地爱孩子，让孩子感受到自己是独一无二的，是被全然看见并祝福的，是否还会有类似的反抗、证明和逃离事件发生呢？

"施"与"受"循环往复

"我们都是为茜茜好，她怎么就是不听呢？她爸爸被气得心脏病都犯了。"茜茜妈妈一副苦口婆心的样子。

"她如果跟这个穷小子结婚，人生就毁了。先不说亲戚朋友知道后丢不丢人，就是我也过不去心里的坎儿啊。"她的焦虑几乎都写在脸上。

"你是否试着了解过她呢？你知道她喜欢什么，想过怎样的生活吗？"

她只是茫然地看着我，不知该如何言语。

过了会儿，茜茜妈妈叹了一口气，缓缓地说："说实话，我们娘俩有好长时间没聊过知心话了。茜茜小的时候，我和她爸爸工作忙，一直都是爷爷奶奶在照顾。加上她爸爸经常酗酒，酒后就和我大吵大闹，埋怨我生了个闺女。现在找了这个男朋友，她爸爸死活都不同意，还闹着要断绝父女关系。"说着，她难过地流下泪来。

像茜茜这样的乖乖女，因为婚恋跟父母闹掰的情况有很多。女孩认为寻找爱情是自己的希望，父母却觉得这无异于飞蛾扑火。生活在同一个屋檐下，为何父母、子女在认知上会有如此大的反差呢？

研究显示，年幼时曾受过父母不正确对待的孩子，会在内心深处形成不同程度的残缺，导致各种人格缺陷，我们把这一部分孩子称为家庭的原始受害者。

受害者在成年之后，匮乏部分的伤口会持续发出警示，潜意识动力可能会推动他走向生命极端，比如失学、失业、失婚。事实上，类似"自我毁灭"的行为，是因为在早年与不称职的照料者相处，习得的原始行为模式，在此后遇到压力时便被激发，通过人生的各种失意刺激父母，引起他们的关注和爱，期望以此疗愈内在创伤。

父母在不明真相的情况下，会为突如其来的事件担忧、沮丧，于是造就了家庭的新一代受害者。如此往复，父母、子女在关系的恶性循环中，不断纠缠，受尽其害。所以说，在关系中没有独立的个体，亦不会有单独的受害者，"施"与"受"都是相互的，只是时间长短问题。

托尔斯泰曾说："幸福的家庭都是相似的，不幸的家庭却各有各的不幸。"由于各自的创伤点不同，也就导致了各式各样的关系问题。

如果我们对一个家庭关注长达20年，会发现纷繁复杂的问题背后，往往会直指矛盾的源头——未被满足的渴望。命运就像魔咒，在失望中被加深的渴望，会以疼痛的方式呼唤疗愈，然而大多数人，却在爱与被爱、控制与被控制中，虚耗了能量，辜负了时光。可是当我们意识到自己生活在无效的模式中时，又该如何面对，怎样才能停下来呢？

整合创伤，改变重复性命运

当一个控制力长期存在于生活中，到了无法承受的程度时，就需要找寻一个出口。后来，像茜茜渴望的那样，父母充分了解了茜茜的内心世界后，选择满足女儿对爱的渴望，并改变了以往对待茜茜的方式，用祝福代替控制。茜茜和男友也终于修成正果，步入了婚姻的殿堂。

尽管我无法判断茜茜的未来，依然欣喜着她的改变。我们潜意识中，都有一种想要回到最初状态的渴望，希望能够变被动为主动，掌控那些在我们年幼时无法控制的东西，改变最后的结果——这是弗洛伊德所理解的，人们重复创伤的动机。他把这种"重复"的现象命名为强迫性重复。"强迫性重复"是一种心理现象——个体不断重复一种创伤性的事件或境遇，包括不断重新制造类似的事件，或者反复把自己置身于一种"类似的创伤极有可能重新发生"的境地里。

研究显示，生理和心理的成熟，都能提高个体应对外部威胁的能力。越成熟，应对能力越好；习得的调适经验越多，应对能力也更强。只有在抱持的环境中，心智才有发展成熟的可能。随着个人体验的增多，我们会不断获得新的认知框架，并用这个不断扩展的认知框架来解读当下的生活，并且越来越不用依靠外部环境来调节自己。

在此需要指出的是，一个人的能力取决于他人格的完善，当他开始将注意力放在自身时，就会生出一种力量，并驱使他收摄心神将注意力集中在一件事上，然后收获真正的快乐。**当家庭成为动力之源，内在成长也就真正开始了，变得能够全然享受生命的馈赠。**

你才是自己的医治者

事实上，每个人在成长过程中，不可避免地总要经历一些创伤，父母亦是如此。即便未来某一天，我们与咨询师建立了良好的咨询关系，在治疗过程中，也可能会受到一些不必要的投射，因为完美的人是不存在的。

我最喜欢黑塞的《卢迪老师》，这本书讲述了两位生活在《圣经》时代的著名医治者约瑟夫和戴恩。年轻的医治者约瑟夫通过宁静地倾听治愈求助者，人们将痛苦和焦虑讲给他听之后，这些令人感到折磨的情绪便会消失不见。而年长的医治者戴恩则像个严格的父亲，他积极地干预、制定规则，奖罚分明，无数人从中获得裨益。

结果有一天，约塞夫的心灵开始烦恼，生活坠入无边的黑暗中，自杀的念头也挥之不去。

于是他决定去寻求伟大的治疗师戴恩的帮助。在朝圣路上的一片绿洲之中，他碰到一位年长的旅者，年长的旅者提议和约塞夫结伴去寻找戴恩。

在漫长的旅途之中，年长的旅者终于承认了自己的身份，说自己正是约塞夫所寻找的戴恩。两人之后一起生活多年，互为师友。

多年之后，戴恩临死前，将约塞夫叫至床前，坦白地说当年在树下遇见之时，自己亦正在无边无际的黑暗之中，而绿洲相遇之时，他正踏在去寻求一个叫约塞夫的伟大的医治者的路上。

黑塞的故事以一种超自然的方式，向我们揭示了给予和接受、诚实和欺骗、医治者和病人的意义。年轻的医治者通过被培养、照顾、教授和辅导获得帮助，而年长的医治者通过从追随者那里获得的子女似的爱、尊重和安慰获得帮助。

但是现在回顾这个故事，我怀疑这两位受伤的医治者是否真正帮助了彼此。也许他们错过了一些更深层次的、更加真诚的、更有力量的东西。假如表白发生在20年前，如果医治者和追寻者共同面对没有解决的问题，会发生些什么呢？

生而为人，我们不得不承认自己的脆弱和不能够，还有别人的脆弱和不能够。**这个世界上没有谁能够给谁确定的答案，没有谁是"伟大的医治者"。每个人都必须生出自己的力量，依赖自己成长起来。**承认自己的不能够，正是肯定自身的"潜能"。当人开始承担关于自己的责任，而非依赖他人理想化的力量时，尽管生活仍旧不易，但生命的机器依然可以启动、运转。医治者不是神，在咨询关系建立的那一刻，就表明医治双方在疗愈过程中有可能是互相转化的。

8. 学会跟随自己的心

你是否有过类似的感受?

比如,第一次来到某个地方,却有一种似曾相识的感觉;明明不喜欢一个人,却在不自觉地赞美他;在时间紧迫时,可以同时熟练地做几件不同的事而不出错;早年的创伤性经历会随着时间的流逝被彻底遗忘,而我们恢复得比预想中要快。

这些都与我们内在的"潜能"有关。如果一个人尊重自己的内在节律,就能更好地适应生活。与人类心灵有关的判断、感受、动机等,都发生在意识之外,潜意识之所以能够机动性地分解和处理令人眼花缭乱的各种信息,是为了帮助我们更好地体察自我和更有效率地生活。

瑞士哲学家亨利·弗里德里克·阿米尔曾经说过,我们最大的幻觉就是,相信自己就是我们所认为的那个人。很多时候,人们根本无法了解自己为何会如此反应,也无法确定自我觉察中的那个人是否就是我们潜意识层面确实存在的真实的自己。

毫无疑问,缺乏自我洞察有很多方面的原因:人们可能会被傲慢蒙蔽双眼、被无法了解的事物所困惑,或者只是因为不想花时间去审视自己的生命和灵魂。或许,更真实的原因是,关于我们的内在"潜能",我们并不知道自己想要了解什么。

你是谁就会有怎样的人生

自出生以来,每个人都会经历各种各样的事。随着年龄的增长,还可能会有一种感觉——不确定记忆中发生的事情是否真实。假如这时候内心还经常有矛盾的念头、冲突的感受,就更加无法确定什么是生活的真相了。

小安今年29岁,认识的朋友都知道她是一个十足的结婚狂,一不小心就会开启"恨嫁模式"。可是当你问她心仪哪种类型的男孩子、对亲密关系都有哪些期待、更看重感情还是偏向物质时,她就有些摸不着头脑了。

偶然的机会,正处在感情低谷的小安看了一场陈小春的《岁月友情》演唱会之后,就好像找到了最佳替代,发誓非"小春哥"不嫁。她说看到应采儿对着台上的"小春哥"挥手,心中升起满满的羡慕。可是不久之后,在重温《指环王》时,她又被亚拉冈王子的帅气、勇敢与深情打动。纠结的同时,她仿佛看见真实的自己正站在不远处,上演着过去生活中不断重复的模式——她不确定自己想要什么。

后来,在我们的引导下,小安对自身价值做了如下反思:

1. 是什么让自己的自我认知变得如此困难?
2. 该如何觉察自我和掌握事情的来龙去脉?
3. 对他人和世界的习惯性认知是科学和正确的吗?
4. 为了了解自我的真实感觉和认识真正的自己,到底能做什么呢?

需要指出的是,我们每一天都在重复着相同的模式,它们是在长期的生活中不断重复形成的。每个人都拥有一个强大而复杂的潜意识,这是人生存的根本。然而,由于潜意识在意识之外高效运作,而且很难接近,所以自我认知就变得非常困难。不过,值得庆幸的是,在实践过程中,我们发现尽管困难,但并非不可解。如果我们弄清楚内在模式的运作方式,就可以对其进行必要的更新,以期让生命系统变得更加卓越和高效。

当小安试着觉察自己恨嫁的动机时,她看到了"自己应该尽早出嫁,这样才能证明自己是被爱的"限制性信念。她通过深刻的自我反省,将掩盖自己真实感觉和动机的迷雾看透后,长长地舒了一口气。后来,她通过模仿应采儿乐观向上的生活态度彻底改变了自我。她说:"她比我高、苗条,还比我乐观、勇敢,她敢于追求自己喜欢的人、事、物，还善于表达自己，是我应该学习的榜样。"最后，小安虽然没能长高，却通过锻炼成功瘦身，人也变得更加勇敢和自信。最终，她调整身心，宣告了自己的独立。

一年后，小安喜滋滋地跑来跟我说婚期已定，是自己心仪的类型。那一刻我从心底里为她感到高兴。有时候改变只在一瞬间，只要有勇气，生活就会在不经意间带给我们惊喜。事实上，对于小安来说，她的矛盾是真实的，冲突也是真实的，笃定也是真实的，都是真实自我的不同面向。而当一个人发现自己多个不同的自我时，也就为整合做好了准备。

正如夏洛蒂·勃朗特所言：只要你努力，到时候你会发现你有可能变成自己所赞叹的人；只要你从今天开始就纠正你的思想和行动，几年以后你就已经积累起许多新的、没有污点的回忆，让你可以愉快地去回想了。

模式也会遗传

有些人为求学忙碌，有些人为工作奔波，有些人备受婚姻的煎熬，有些人饱受身体疼痛之苦，更有甚者面临着难解的困境。然而，这一切尽管不是我们心之所想，却无时无刻不呈现于生活中。正是因为这些无处不在的情绪垃圾，才堵住了幸福靠近的路。

朋友不止一次地跟我说，不知道为什么，总忍不住会做一些不符合逻辑却自认为有理的事。比如，该感恩的时候选择愤怒、该欢喜的时候选择伤感、该自然融入的时候选择逃离、该接受回报的时候选择拒绝，这些特定的模式，无一例外会伤及人际关系，它们就像命运的魔咒一样，笼罩着自己的人生。

事实上，这些模式大都是从家族系统里承接过来的。它们通过无数次模仿和灌输之后，沉淀在潜意识之中，并内化为牢不可破的限制性信念。一个人要想变得更加优秀，就必须要去降低内耗。当我们身心不一致的时候，内耗也就开始了。

2017年夏天，我在餐厅用餐时，遇到来海边度假的一家四口。尽管是度假装束，但他们全都板着脸，心情沉重。看上去严肃的父母，一直在自说自话；头发花白的老人则安静地坐在儿子身边，一言不发；大概二十二三岁的女孩，也不苟言笑。我坐在他们邻桌，都能感受到飘来的丝丝寒意。

只听到父亲先开口说："在家找个稳定的工作多好，为什么非要做一无所有的北漂？"此话一出就激怒了坐在对面的女孩，她一脸不悦地放下筷子说："我的人生自己负责，不用你管。"气氛变得紧张起来。

"乖孙女，你应该听听爸爸的意见，他还能害你不成？"一旁的奶奶说了话。

"闺女都大了，她的事情就让她自己决定吧。"显然，妈妈是支持女儿的，于是战场立马就出现了二分法：妈妈和女儿、奶奶和爸爸。

静静观看这一幕家庭剧的上演，即能感受到运行其中的两相对立的内在模式。如果一个家族习惯了内耗，就会以为冲突才是生活的常态。假如一个人自幼生活在互相对立的家庭环境中，得到的都是批判与贬低，那么成年后，他就会怀着一颗不配拥有的心来面对这个世界。当他感到自己不配拥有成功、不配拥有美好的爱情、不配被他人尊重和爱护时，如何能找到本心呢？

在我看来，一个家庭要想稳定发展，就必然需要一个稳定的文化内核做支撑。我们不难发现，一个唯利是图的人跟一个理想主义者，很难长期亲密、和谐共处；一个实干家，也很难跟一个虚无主义者长期倾心相守。两个人可以看起来差别很大，也可以和而不同，但三观一定要在某些地方彼此相通，这是最基本的。否则，恐怕更多的是折磨。

海灵格曾多次提到孩子不应该承担父母自觉沉重的困难问题。对于那些背负着父母的苦难、无法好好生活的人们来说，如果也有类似的体验，按照下面的模式去做，将会获得极大的解脱。

1. 请你闭上眼睛，想象父母就在你面前，请你注视着他们；

2. 请你看着他们的困难和问题，看着他们命运中的纠结与牵连；

3. 也许他们在经济上经常出现赤字，也许他们有无法逃脱的上瘾症，或者他们正遭受疾病的困扰；

4. 请你看着这一切，然后从一个旁观者的角度发现，如果父母能够接受自己的命运，那么就能从中得到无限的力量；

5. 然后请你将注意力放回到自己身上，发现当你愿意接受父母的命运，并试着接受自己生命中的所有经历和遭遇时，那么也可以化逆境为力量；

6. 这时你还会发现，假如你替父母承受了一切，那么可能会发生的状况，只是让所有的事情变得更糟；

7. 请你重复以上体验，直至感受到体内充满改变的力量为止。

假如命运是一个人要用一辈子去完成的作业，那么作为自己的命运之神，我们控制、主宰着它的走向。所以为了迎接更好的自己，我们需要在今天做好准备。如果我们与未来连接，让它成为内心的指引，就会逐渐找到身体里的另一个自己。

当我们通过令人痛苦的方式表达真实的生活，当我们让自己过着一种别人咀嚼过的非常理性化的生活，当我们致力于那些并不真正渴望的事物，种种背后，大都是因为暴露自己的需求会令人感到羞愧。而类似的模式，大都是在家族成员中通过学习遗留下来的。

所以说，一个人要想充分发挥自身"潜能"，收获完美人生，就必须在改变与合作的基础上去完成。只有改变过去那些无效的模式与认知，从本心出发才会收获真正的幸福快乐。有时候，生命中的重要他人，并非一定要有血缘关系，只需在一个临界点上相遇了、决定了、醒悟了……如果生命在这样的支持关系中，变得更有价值，那么"潜能"也将在这种和谐中被唤醒。

找到本心，过上你想要的生活

神经语言程序学一再强调在目标实现的过程中，需要将这个目标不断地"视像化"。事实上，唤醒"潜能"也是一个不断清晰和呈现的过程。在这个过程中，你不仅能体验到状态的改善，还能感受到自身能量状态越来越有利于目标的达成。你会发现随着自我管理能力的提升，自己的人生也变得更为可控。

当我们身心一致的时候，也是我们的潜意识和意识消除冲突的时候。然而，生活中往往会出现相反的情况，比如，你的内心想要去实现一些事情，理智却不断地告诉自己"这是不可能的"，因为它认为只有原来的模式才是唯一正确的，而现实的结果却未必如此。这种身心不一致所造成的痛苦，不仅限制了我们"潜能"的发挥，还将导致一个人的生命活力的逝去。那么我们应该怎么做呢？

1. 首先我们要清楚目标的来源。也就是说我们的目标，一定要源于内心的渴望。

2. 只有自己设定的目标，才具有坚持的价值和意义。只有这样才能让我们发自内心地接受和认可它，也才能激发内在的"潜能"去完成它。

3.达成目标的条件也是不可或缺的，比如，天时、地利、人和等。

很多时候，因为外界因素的影响，我们并不能"跟随自己的心"生活。比如，有时明明看上一条漂亮的裙子，却因为旁边那条在打折，最后就买了那条便宜的，回到家却发现没有那么喜欢；明明向往有设计感的白色沙发，最后却因为怕清洗麻烦，买了普通的深色沙发；明明一直梦想拥有一辆心仪的车子，但因经济条件不允许，只能劝说自己"不就是个代步工具嘛"，退而求其次地选择了性价比更高的车。交朋友和选择枕边人也会有同样的情况，长此以往，我们永远也过不上自己想要的生活。

当我们从"整理"的角度看人生，就会发现我们在不断舍弃的过程中，更加了解自己，并逐渐建立起一个稳定的自我。事实上，当我们找到了本心，便无须拼命地向外抓取，他人的评判也就显得无足轻重了。就像小安一样，当她知道自己的内心所想，爱的资源就逐渐向她靠近了。

在这之后，我们还需要静下心来去觉察，觉知你是谁，这给你带来了哪些感受，你与世界和他人的关系是怎样的？当一个人开始有耐心地梳理自己时，也就更能看清自己内在的人格结构。如此，便能对当下的生活保持警觉，并发展成为一个智慧的人。自我完善之后，我们对现实生活做出的反应才更客观。

这时候，你会越来越笃定自己的样子，并能够在遇到问题时，快速做出准确的判断。

假如你用心觉察就会发现，每一次与他人倾心的相处都是珍贵的，这不仅能帮你觉知到自己的盲点，还能让你看到自身的不足。需要指出的是，每一段关系都不能完整地映照出一个真实的你。所以，请你相信你是本自具足的，从没有分割过。我们无需通过一个个碎片来拼凑自己，只需要通过本心，映照出一个完整的自我。

如此，你才是生活的主体，有了你，一切才有意义。

第三章

找回使命感，用信念唤醒沉睡的"巨人"

如果你真的已经找到了自己的使命，就该有一种"饥渴感"才对。如果你认为自己正在丧失这种"饥渴感"，你所要做的就是再一次确认自己的使命，让它与你的职业和目标联系起来，充分发挥自身潜能。

9. 唤醒潜能，完成自我救赎

2018年秋，我做了这样一个梦：一条花蛇盘在父母身后，看到我赶过来，它转身飞速地逃跑，从行进路线看，它想穿过篮球场进入树丛，不料被球场另一边的老虎发现，被老虎一口吞下了。看到老虎吞蛇的画面，我被惊醒了。

一开始我并不理解这个梦要揭示什么，直到偶然间发现了"约拿情结"。约拿是《圣经》中的人物，他逃避责任，拒绝传道，结果被鲸鱼吞入腹中三天三夜。在鱼腹里他多次向神呼救、许愿，神看到了他的诚心，便命鲸鱼将他吐了出来。

之后，我翻阅典籍发现马斯洛曾借用这一典故来说明人身上存在的对成长的防御，也就是"对自身杰出的畏惧"，或"逃避自己的命运"，或"躲开自己的最佳天才"。至此我才明白梦境所揭示的深刻寓意。一周前我参与了导师举办的工作坊，并在活动中看到了自己的人生使命，然而对于如何践行它，我的内心是恐惧的，所以就有了类似的体验。

在玛丽安·威廉姆森看来，**我们最深层的恐惧不是自己没有能力，恰恰相反，我们的恐惧是自己的能量深不可测，是自己的光芒，而不是遇到的黑暗让我们感到害怕。我们问自己："那个灿烂、辉煌、聪慧、夺目的人是我吗？"** 事实上，畏首畏尾就无法服务于世界，如果为了让周围的人感到轻松而收敛自己的光芒，这样做毫无益处。

"潜能"的来源

在我们诞生之初，就开始了探寻自身潜能的旅程。从婴儿期开始，我们就通过抓、咬、蹦、跳，来发现和辨识世界中的力量。通过大量吸收环境中的人、事、物，丰富和发展自己，幸运的话还能在行动中看到自身独特的"潜能"。

6岁左右，每个人都会形成一种相对稳定的生活态度，并以自己独特的信念系统来看待世界，进而做出不同的反应。我们由此也可以得知，一个人童年时形成的对自己的认知，会影响其日后在职业、人际关系和婚姻方面的选择。

在我看来，潜能不仅包含内在天赋的才能，还包括身体的潜能，而心灵和肉体是密不可分、互为影响的。佛经里曾多次提到过"起心动念"的重要性，可见心灵对行动的预见和指导作用。反过来，身体在参与欢快的运动时，也会对心灵产生积极的影响，进而影响到个体"内在潜能"的发挥。

阿德勒曾说，假如一个人童年时期遭遇过某些创伤，导致身体缺陷，尽管他已经形成良好的自我认知，依然可能限制其自身潜能的发挥。对于这些人，除非有亲密的人进行开导，使他们的关注重心由自身转移到外界，包括对他人产生兴趣，才可以保证他尊重内在节律，克服自身困难，并发展出一种有用的异常才能。比如，一个人听力欠佳，如果他想要听得清楚，就得比听力灵敏的同龄人更为专注，对辨识声音也会发展出自己的一套标准。时间久了，他会发现自己比那些听力正常的人，更能听到声音的动听和美妙。

众所周知，海伦·凯勒同时失去了听觉和视觉，却在一位盲文老师的耐心陪伴下，明白了什么是语言，实现了伟大的突破。她说："当老师在我的掌心里写了40遍'水'这个词时，我突然意识到了词汇是什么！"也就是在那一刻，她超越了身体的局限，释放出巨大的"潜能"，获得了人类的理解力。可以想象那一刻海伦的内心经历了怎样的震颤，她抓紧老师的手，充满渴望地想知道自己摸到的每一样事物，是一次爱的行动点燃了她想要"让世界鲜活起来"的愿望，进而让生命从此被光明照亮。二十世纪四五十年代，海伦·凯勒凭借文学成就和卓越的领导能力闻名于世，她的好些言论强调了人类发展的关键,比如,"这和眼睛、耳朵的功能没有任何关系,经验是强大的!""我只是一个人,我不能做到所有事,所以我不拒绝做自己能做的事。""生命要么是一次勇敢的冒险,要么就什么都不是!"所以说,有时候缺陷也会产生巨大的优势,但有个前提是,生命"潜能"必须被适时地激活。

需要指出的是,自知不是唤醒潜能的唯一途径,它往往需要巨大的勇气,并经过长期的奋斗,才能充分发挥作用。我曾见过许多盲目乐观的人,他们用逃避的方式,为自己制造获得成长的假象,最终导致了幻想的破灭,甚至带来强烈的愤怒和不可遏制的绝望。事实上,一个人可以通过治疗专家的帮助,将新学习的内容用到教育和家庭生活中去,当我们恰当地尊重和理解成长过程中的畏惧、退缩和防御的力量时,也就能从中发现改进和完善的"潜能",这些努力会使他变得更加健康和自信。那么通过哪些方面可以加深对自己的了解呢?现总结如下:

1. 了解自己的早期记忆,对唤醒"潜能"有着重要作用。一方面是因为人的记忆具有选择性,凡是自认为重要的记忆,都或多或少会直接作用于"潜能",并对自己人格的塑造有重要意义。另一方面,童年记忆包含了对自己的认知和对世界最初的印象,这不仅是对自己的概括总结,还是对自身"潜能"的期许。

假如一个人的早期记忆是"妈妈带着年幼的我参与一场敌强我弱的争吵,因为感受到妈妈的无助,我恐惧地大哭",这个意象真实地反映出他的生活为何总处于一种挥之不去的恐惧中。如果我们了解到这段记忆，也就不难理解为何在机会和成功降临的时候，他总要下意识地逃避。

2.梦境的形成大都与个人对某方面事物的关注或期待相关，所以它也会直接导向"潜能"。因为梦境就是潜意识的呈现，所以更能暴露出一个人的真实人格。当早期记忆沉淀到潜意识中之后，会以梦的形式向我们呈现。比如，一个姑娘曾向我提及这样一个梦："过节了，我从外地赶回来，看到姐姐在镇上开起了饭店，爸爸妈妈在那里帮忙，在我百般央求下，姐姐勉强给我盛了一碗汤，可是在她转身时却在汤里放了一些砂砾。"实际上，正是这种强烈的低自尊和不配被爱的感受，才导致了婚姻的破裂。她不止一次跟我说："我真的很害怕被人抛弃。"显然，她的早期记忆给生活带来了诸多的不顺和失败。假如一个人处在紧缩的关系状态中，那么"潜能"也就无从谈起了。

3.如果你深入了解一个人，就不难发现每个人都有自己独特的兴趣爱好，如果长期将时间和精力投入在某一领域，最终将会成为这一领域的人才。事实上，我们都会受到"潜能"的召唤踏上属于自己的路，有人将其形容为孩提时一股莫名的冲动，然后就像有魔力一样，推动你在人生轨迹上划出了一道美丽的弧线；还有人说有那么一刻，就像有神谕在脑海里激荡，内心有个强烈的声音响起：这才是我必须做的，这才是我要追求的，这才是我。

"潜能"理论的历史沿革

古希腊伟大的哲学家柏拉图在《理想国》一书中,向世人讲述了"厄洛斯神话",并提出了"每个人受到感召而进入这个世界"的观点。在柏拉图看来,每个人出生前,灵魂就被赋予了独特的"潜能",并已事先选好了活在世上的模式。"潜能"犹如命运的坐骑,它带领我们来到这里,并量取灵魂选择肉身、父母、地点和环境。也可以说,我们的经历和体验,大都源自灵魂所需。他还说,保有这个神话,我们才能更好地保存自己、生生不息。换言之,相信自己独特的"潜能",可以为我们提供心灵救赎。

亚里士多德说"个性的形成有其重要原因",柏拉图和普罗提诺也认为"我们每个人都内化了自己的观点",他们的观点,不一而足都指向了我们所有的个体,生来就具有独特的"潜能",只要在特定的时间启动它,就能走上自己的道路。

随着心理学理论和技术的发展,马斯洛在《完美人格》一书中,对心理学提出了一项令人十分兴奋又充满奇妙愿景的假设,现总结如下:

1. 我们每个人都有一种内在本性,这一内在本性在本质上是属于生物性的,并且在某种程度上是"自然的、内在固有的、天赋给予的"。同时,就某种特定意义而言,它是不可改变的,或至少是不变的。

2. 每个人的内在本性，一部分是自身所独有的，另一部分则是人类所共有的。

3. 以科学的方法来研究这种内在本性并发现它，这是可能的事。据我们所知，这种内在本性并不是恶的。所以我们更要实现它、鼓舞它，而不应该压抑它。如果能允许内在本性来引导我们的生活，那么我们就会变得更加健康、成功和幸福。

4. 一个人的这种基本核心一旦遭受否定或被压抑，就会生病。这种内在本性并不像动物本能那么明显，它是柔弱的、纤细而微妙的。但在正常人身上却很难消失——甚至在病人身上也不会消失。

一个人越熟悉自己的自然倾向，更多的时候就越能通过心灵的本能，而不是用头脑来思考，就能更从容地知道应该如何与人为善，如何获取幸福，如何自尊、自爱和自信，以及如何挖掘自身最大的潜力。

遗憾的是，在"潜能"闪现时，常常被不合理的认知和腐旧的环境所扼杀，以至于你的生命中呈现了许多的困难、自毁与挫折。事实上，所有这些词语都是过来人的发明，殊不知困难的背后，正是潜意识的示现和指引。所以在唤醒"潜能"系列中，我们不强调过去的影响，只强调"潜能"的召唤。

随着心理治疗技术的发展，"现代催眠之父"艾瑞克森在总结前人经验的基础上，在发展的同时还将催眠技术带入了科学殿堂。他通过对个体独特神经回路的研究，训练他们利用自身反应模式和联结过程的能力，将无数人带离了抑郁、强迫、分裂等症状的困扰。当个体不再为迎合外部标准而被动做出程序化反应时，就能看到自身的独特性，也就使"潜能"处于激活的状态。

正如玛丽安·威廉姆恩所说的，我们所有人注定要闪耀光芒，就像孩子们一样。我们天生就是要表现自己内在的荣光，这不是指我们当中的某个人，而是指每一个人。当我们光芒四射时，也就不知不觉地让其他人信心百倍；当从恐惧中解脱出来时，我们的存在就让其他人获得了解放。

唤醒潜能的路径

需要指出的是，**任何出类拔萃的人，都是在战胜自我的基础上获得了成长**。我们的心灵得以高效运作，是得益于高深而复杂的无意识。就好比一台高效运转的计算机，依赖于其复杂而高效的操作系统。比如，我们有一个无意识的语言信息处理器，使我们较容易学习和使用语言，而这其中正蕴含着沟通、分析、概括、与人合作的"潜能"。假如一个人处在压抑状态，那么他的防御机制会阻止低层次的心理活动到达意识层面，很多高层次的心理过程和心理状态同样也会很难到达，最终也将会抑制其"潜能"的发挥。所以你很容易就发现：一个人即使受过良好的教育，依然可能缺乏能力。

事实上，在"唤醒潜能"的路上，我们大多数人都会有类似的恐惧，不能摆脱"约拿情结"的影响。"约拿情结"使大多数人逃避自己的使命，不敢承担自己应尽的职责，因而严重妨碍了自身"潜能"的发挥。而那些成功摆脱"约拿情结"的人，无疑是幸运的。

那么"唤醒潜能"需要哪些步骤呢？它是否也有一些有迹可循的路径呢？通过自身实践，我将其总结如下：

1."唤醒潜能"的前提是找到你的人生使命，全身心投入其中，并清晰地看到未来的愿景，这时候你会发现是无意识在完成它，而意识较少参与。

2.在"潜能"发挥作用的过程中，会遇到各种各样的问题和阻碍，重要的是要勇敢地坚持，切忌跳回舒适的温水区。

3.要相信自己的体验，随时倾听内心的召唤，将自己融入愿景当中。唯有如此，"潜能"才会自发地显现和提升，直至使自身趋于完善。

4.遇到信念方面的困扰，请你试着问自己：这是真的吗？如果有类似的想法，我会如何行动呢？没有这样的想法，我会有怎样的感受？并试着以相反的方式思考，体会一下感受上的变化。你会发现，每一次反躬自问和勇于承担，都会使你更加信赖自己，并拥有美妙的体验。

5. 在践行"潜能"的路上,要时刻忆起在愿景中的体验。在每一件小事中发现自己的兴趣所在,并持续地为之努力,重要的是与自己的使命感成为朋友。

6."个人潜能"的发挥,是一个持续地、循序渐进地努力和付出的动态过程,当你秉持做好每一件想做的事情的原则时,也就开始了卓越的人生。

7. 在重要节点完美表现,决定了我们是否能体验到人生的高峰时刻。当这种时刻越来越多地出现,愿景实现的可能性也就越大,从而帮助你更好地看清自己的使命和"潜能"。

8. 要实时地觉察自己的防御机制,并有勇气摆脱"约拿情结"的影响,感觉、承认并发挥"潜能",然后明白践行它是一个由小及大、逐渐累积的过程。

是的,我们的内在本性总有办法提醒你的力量和价值,与我们潜藏于内心的天赋本能相比,恐惧有时候只是一时的幻象。如果你总是避重就轻,逃避自己的天职,则必然会导致纠结和不幸,就像约拿一样被困在鲸鱼腹中而无法挣脱。当一个人处在顺境时,无意识会通过梦境的形式向他揭示、促进和呈现"潜能",以及实现的路径;有过逆境体验的人,则会通过巨大的挫折、痛苦和不幸来发现它。无论通过哪一种形式克服它,我们都会从中体验到成就感、自尊感和自信心。当能力具备的时候,"潜能"也就被实时地唤醒了。

在我看来，一个人的"潜能"就是他的内在底蕴，当他真正看见自己的时候，自然也就会知道怎样做是好的、什么情况下可以获得幸福、如何行动才能收到最好的效果，以及怎么爱惜和发挥自己的"内在潜能"。如果你还没有掌握这一点，也无须紧张，我们只要实时地模仿那些获得此项本领的人的思维模式和行为模式即可。

在此需要指出的是，一个人的能力取决于他人格的完善，当他看到了自身的"潜能"，就会生出一种力量，并驱使他收摄心神，将注意力集中在一件事上，然后收获真正的幸福快乐。

所以，当我们以积极的心态去看别人、看世界时，当我们把注意力放在重要的事情上时，当我们真正悦纳自己，清醒地知道自己的价值时，就能毫无保留地展现天赋，并得到应有的财富。如果我们常用正面的暗示提醒自己，就能不断为潜能寻找突破口。

10. 信念和潜意识发挥作用的机理

朋友 A 说,刚毕业那会儿,他着魔一样爱上了一个姑娘。每次看到她都忍不住想要表白,却屡次以失败告终,因为他压根儿就没有勇气开口。

这样的时光大概持续了半年,他觉得这样等下去是徒劳的,无论怎样努力她一定不会爱上自己,于是就忍痛放弃了心爱的女孩。

一晃几年过去了,姑娘已经出嫁,他却怎么也无法爱上另外一个人。想到自己当时的软弱,一股无明的懊悔袭上心头,就像挥之不去的迷雾一样,时刻跟随着自己。这时他得出一个结论:如果我当时对自己有更多的认识,如果父母能给我一些明智的建议,如果那时候我能知道自己想要什么该有多好。

然而他却忽视了自己在抉择的过程中所发挥的作用。如果一个人的心智水平没有改变，认知模式没有改变，信念和自我价值感没有提升，即使重新回到过去的情境中，也于事无补。这听上去像极了《大话西游》中，至尊宝一次次穿越又一次次错过的故事，因为如果我们的内在状态是混乱的，生活就没法儿条分缕析、清楚明白了。结果也就可能在不知不觉中，离题万里了。

就像数学推演一样，我们的思维也要遵循一定的前提假设。当我们开始了最初的陈述，也就是在为自己的信念寻找支撑，来佐证自己为什么如此。但很少有人停下来思考，自己的前提假设是什么，或者说支撑我们做出此类行动的信念是什么。

事实上，许多悬而未决的事件、无意中被搞砸的创意、莫名其妙分手的爱人，大都是因为我们看不见的信念在作祟。假如一个人持有"我不配被爱"的信念，就会产生"付出了也不会换来爱情"的价值观，并做出"放弃追求"的行动。可见，信念常常会决定一个人的行为，并直接导致无可挽回的结果。

米兰·昆德拉说从某一刻起，退路便不复存在。然而真的是如此吗？难道时过境迁之后，就不再有回旋的余地了吗？幸运的是，在总结前人经验和大量实践的基础上，我们发现只要一个人的信念改变了，无论多糟糕的境遇，都可能随着心境而改变。在这里，我们姑且将信念作用于行动的过程，称为"唤醒潜能"。

基于此，我们首先要清楚的是：信念的来源和潜意识发挥作用的机理。

信念的来源

著名NLP导师李中莹在《重塑心灵》一书中说，信念就是"事情是怎样的"或者"事情就是这样"的主观判断，是我们认为维持世界运作下去的法则，是解释和支持行动或没有行动的理由，是解释和支持变化或没有变化的理由，是对于这个世界各种关系的主观逻辑定律。对信念的拥有者来说，信念是绝对的。

"没有晾晒的被褥会有很多螨虫""春天的花粉会使皮肤过敏""一到陌生的环境，就感觉有人要伤害我""妈妈说将来要找一个有上进心的男朋友,可不能稀里糊涂的"……每一天，数以百万计的信念就像走马灯一样，一刻不停地从我们的脑海里飘过。

因为这个世界无时无刻不处在变化之中，任何一句话无论看起来多么有道理，都一定有它存在的前提——持有怎样的信念。假如它包含了某些语境，针对特定的人，并在特定的情况下发生，就可能存在自己的适用范围。

一般情况下，这些信念是本人认为世事应有的样子，但并不能说真理就一定是这样。可以说，当一个人能够将主观观念和客观真理分开时，他已经开始成长为一个智慧的人。约翰·格林德和理查德·班德勒通过大量的实践和研究发现，信念形成的途径主要有以下四种：

1. 本人的亲身经验，例如，曾被火烫伤而知道火能伤人；

2. 观察他人的经验，例如，见到同学顽皮而受罚，因而知道某些行为不可以在上课时做；

3. 接受信任的人之灌输，例如，父母说要提防陌生人，所以我们对不熟悉的人有抗拒之心；

4. 自我思考做出的总结，例如，某人总是拒绝我的善意，苦思之下，终于认定是因为他妒忌我升迁比他快。

从上面的结论中我们不难发现：有很大一部分信念是在成长过程中由父母、长辈、老师灌输给孩子的。这些信念绝大多数是好的，也帮助了孩子成长，但是有些时候，也会有例外。因为有些信念只适用于一种情况，脱离了该情境就会失去效用。

在我们从外界接收的信念中，绝大部分都曾经或正在帮助我们成长和处理生活中的情况，但也有少部分是因为接收时，没有好好地理解、消化或欠缺全面的定位，导致在某些情况出现时，发生不必要的冲突。这也就像朋友A的认知局限，在这里我们姑且将其称为限制性信念。

限制性信念妨碍个人成长

对于我们来说，大脑一直是神奇的存在。然而在50年前，两位天才人物理查德·班德勒和约翰·格林德，以他们天才的模仿能力和创造力，开创了一门神奇的学问，这就是研究大脑运作原理的 NLP。他们认为，新的治疗技术不仅可以帮助你发现潜能，迅速做出转变，还可以帮你获得卓越高效的人生。

约翰·格林德和理查德·班德勒在总结前人宝贵经验的基础上，开创了新的治疗流派，并指出"限制性信念"在重要时刻对一个人的影响是非常深远的。NLP 华人治疗大师李中莹在《重塑心灵》一书中，也曾详细阐述了基于"身份"层面的"限制性信念"，它们通常表现为：

1."我没有能力"。例如，"我领悟能力差"。解决的方向是认识自身的庞大能力，这个过程就是唤醒的过程。

2."我没有可能"。例如，"这个困难我可能解决不了"。解决的方向则是通过发现与事物的联系，找到多种解决办法，让其看到希望。

3."我没有资格"。例如，"我不配拥有幸福快乐的人生"。解决的方向是让他认识到自身的价值，感觉自己也可以拥有幸福快乐的人生。

是的，当一个人陷进自己的思维陷阱时，大都事出有因。而背后那个不易被觉察的原因，常常是自己不想面对的问题。就像一旦有人问你一件事情的来龙去脉，你就开始拼命陈述自己为什么会这样，试图为自己的行为寻找一个"有力"的支撑。

更有趣的是，你会发现你越说越觉得自己是对的、有道理的，可不就是这样嘛。然后，原来可能还有的那么一点不确定，就在这个反复陈述、不断证明的过程里被彻底抹去了，最后留下的就是一个"常有理"的状态。而且还可能特别不忿，觉得别人都不理解自己，世界对自己特别不公平。

但是，如果我们回首过去就会发现，现实与你的认知是互相矛盾的。我们需要做的是，在自己认为无懈可击、可生活却频频出现问题的时候，先停下来，问问自己，有没有忽略一些东西，然后看清楚促成行动的信念到底是什么。

在唤醒沉睡的潜能系列中，我们将注意力聚焦到了身份层面。而且，在实践中我们发现：在众多妨碍成长的信念中，杀伤力最大的一个就是"我没有资格"。假如一个人认定了自己是一个不会成功、不能有快乐的人，那么无论别人怎么说、自己怎样做，在心灵深处都只会找寻自己不会成功、不能快乐的证明。

自我价值感不足也与信念相连

一个人的低自我价值感会制造各种冲突，与身份有关的限制性信念也会间接带来生活的不如意。那么该怎样改变限制性信念给我们带来的制约呢？

首先需要明确的是，自己的信念是否正确，还要搞清楚信念形成的模式是什么。当我们将着眼点聚焦在模式上，就会发现与之相对应的心态。因此，我们也就不难发现改变模式的方法。

很多人都有这样的坏习惯：做事情虎头蛇尾，总是不能坚持，往往一开始很有激情，做着做着就没有下文了。这往往是因为心中的贪婪模式在作祟，而贪婪所指向的心态通常是对自己没有信心，所以要改变这种模式，就要节制心中的贪婪，克服盲目和冲动，而解决的方向是让自己的内心充满爱。

也有人会出现这样的情况：明明是自己设定的理想，可是在执行的时候会出现偏差，而且偏差多而杂，以至于事情无法完成。原因就在于你内心有一个急于求成的模式，所以就会持有快速搞定的心态。这也就不难理解，为什么越是自己喜欢的事情，反而越会漏洞百出。如果我们将心沉下来，在做事情的过程中力求完美，那么过程也就变成了一种享受。

还有人说，自己总是在快要成功的时候选择放弃，最终导致对自己很重要的事件功亏一篑。这是因为不配拥有的心态让你没有勇气把握机会。假如机会是命运对我们的褒奖，如果连你自己都认为不配拥有的话，事情怎么会按照你期望的样子向前发展呢？你需要做的就是努力提升自我价值感，这样才有可能将生命带入更高的境地。当你真正战胜内心的恐惧时，当你试着爱自己时，当你不断超越自己给人生增量时，也就把自己放在了最珍贵的位置上，而成功也就成了一种必然。

就像派克说的，很多人自卑而不自知，或者自知却不愿去面对。只有少数人有勇气面对自己的问题，敢于踏上一条少有人走的路，在得意时收敛，在失败中成长。穿过这条路，你会惊奇地发现，原来那里有我们大多数人一直寻找的幸福钥匙。

小结

开启内在智慧

1. 当你遇到难题时，先让自己冷静下来，然后准备三张白纸和一支笔。

2. 请你按照自己旧有的模式思考，在其中一张纸上写下你可能会采取的办法（方案A）；在另一张纸上写下你可能不做却极容易被忽视的声音（方案B），看看我们是否还有不一样的做法。

3. 请你同时看到方案A和方案B，然后写下方案A的批评意见，写下所有不好的东西，在方案B下面写下有可能的漏洞和带来的后果。写完之后闭上眼睛，此刻你的内心就会寻找出第三套方案。

4. 最后你把方案A和方案B拿开，在纸上写下第三套方案。也许第三套方案才是你最理想的解决办法。

5. 当你在遇到困难时，习惯性地采用这种模式，并且习惯用这种模式思考之后，你会发现自己越来越充满智慧。

11. 转变信念，唤醒心中的智者

曾经我也如你一般，努力渴求正确的、好的、善的，希望在讨好中获得爱与认可。比如，每完成一项工作，总会用期待的眼神看向他人，以期在这种肯定中确信自己存在的价值。每当被肯定，就会觉得欣喜，但同时还会生出隐隐的焦急。因为"我不够好"的信念就像魔咒一样悬浮在头顶上，你知道它总有一天会掉下来砸伤你，就像曾体验过的疼痛，挥之不去。

这听上去像极了西西弗斯的故事。他奋力地想将一块巨石推上山顶，但由于巨石太重了，往往未到山顶就滚下山去，导致前功尽弃。于是他就不断重复、永无止境地做这件事，并在这样无效又无望的劳作中将生命消耗殆尽。想到自己那些强迫性重复的限制性信念，你是否感到似曾相识呢？

在此，我想谈一下信念的建立。首先相信自己不够好等于预设立场。所以，即便有许多人对你表示过肯定，内心还会有一个声音响起：那不可能是我，我没有他形容的那么好。因而，无论你有多努力，都没办法变成自己理想中的样子。

而那些有幸走上自己道路的人会认为：我是足够好的，我也一定可以通过努力达成目标。

事实上，当一个人完全切实地认识到自己是谁、是什么之后，才开始构建自己的世界。他不仅能发现自己的潜力，还会向四周反射自己的力量。

在充分发挥自身"潜能"的人身上，你可能很容易就能发现一些优秀的品质，他们自信、潜力得到完全发展、内在本性得以自由地表现。然而正是因为"约拿情结"的存在，我们大多数人会在即将抵达目标时，停下脚步。马斯洛曾说，对成长的逃避也能由对妄想的畏惧发动。假如一个人想要成为哲学家，并有意要胜过柏拉图，他可能首先会被自己的自以为是弄得惴惴不安，尤其是在脆弱的时候，可能还会认为那是一种疯狂的想入非非。他会将对自身内在的一切弱点、彷徨和缺陷的认识与他所知的柏拉图的光辉、完美而无瑕疵的形象相比，进而感到自己太放肆、太自大。可他没有意识到，柏拉图在内省时也可能会有与他相同的感觉，但柏拉图最终前进了，超越了他对自己的怀疑。所以，成长之路是艰难的，我们可能会同时受制于一个或多个信念的影响而无法成行。

内耗是身心一致的大敌

信念不仅有强大的力量，还会对我们的生活产生巨大影响。大多数情况下，如果我们真的相信自己能够做某事，就会完成它；如果我们事先认为某事是不可能的，那么无论如何努力也不可能完成。而当意识和潜意识出现类似的矛盾时，内在冲突也就产生了。

我的朋友惠姗，之前处了一个很爱她的男朋友，但因为父母的反对，惠姗在犹犹豫豫中结束了这段恋情。后来，又在父母的操持下，嫁给了一个她并不怎么喜欢的男人。婚后，她遵循父母的教导，试着做一个贤妻良母。可是，时间越久，她越发觉得这并不是自己想要的幸福。

终于，她想要结束这段婚姻关系。

她说，在准备离婚期间，原生家庭带来的伤害要远远大于离婚事件本身。原因在于，父母在长达3年的时间里，持续不断地向她重申离婚的危害以及对孩子产生的影响。她说，每次一想到这些，她就会产生深深的自责，甚至会产生"是自己做得不够好才导致如今的局面"的想法，这种"不够好"的感觉会时不时地跳出来影响她，在感觉对不起家人和孩子的同时，还会生出深深的绝望。于是，她一次又一次逼迫自己做出了妥协的举动，直到身体机能出现问题，才向家人坦诚了内心的困境。

据了解，惠姗的父母对她的过度干涉和对上段感情的不接纳，给她带来了非常恶劣的影响——那就是恐惧亲密关系。当惠姗的潜意识和意识产生冲突的时候，她是无法做到身心一致的。她在意识层面确立了"只要离婚，可能就会失去父母的爱""我给孩子带来了伤害，我是不够好的""我不配得到他人的爱"的信念，而在潜意识层面却渴望被爱、被肯定、被接纳，于是大量的体力和精力就在这种矛盾中消耗了，这也就不难理解惠姗为何会出现身心方面的问题了。

在上文中我们提到信念形成的途径通常有四个方面，本人的亲身经验、观察他人的经验、接受信任之人的灌输以及自我思考做出的总结。而成百上千条信念中，由于受到经验的限制，在面临突发状况时，产生冲突的状态时有发生，对此我们可以将两条相左的信念看作是辩证逻辑，并试着通过让两条信念对话的方式，从天平的一端看向另一端。令人欣喜的是，你会从对问题进行悖论论述的过程中，真正触及问题的核心，或者产生一种态度——迟疑。

古希腊的诗人曾这样论述它："海上的波浪，是众神的迟疑。"在面对困难和冲突的时候，如果我们能做到让观念彼此对话，也就能在辩证中完成整合。

为解决信念间的冲突，释放压抑着的负面情绪，让内心复归平和安静，我们需要问自己以下几个问题：

1. 我的内心压抑着怎样的一种情绪，是委屈、愤怒还是忧伤？

2. 这种情绪是由哪些事件引起的，最初产生的时间，还产生了哪些限制性信念？

3. 陷入这种情绪、持有限制性信念是否会影响我对周身事物的判断？

4. 在限制性信念的指导下做出了不合理的判断，给我的生活带来了哪些不良的影响？

5. 从这种信念中跳出来，带给我怎样的感受？

6. 在感觉很棒的时候，我建立了哪些新的信念？

7. 我愿意接受这个新的信念吗？为什么？

当我们潜意识中的愿望未能得到合理疏导时，就会导致压抑，进而与我们的理智失去连接。因为，健康身心的前提首先是理智和情感世界的平衡，或者说是头脑与心灵的平衡。而惠姗出现身心问题是因为多重压抑，并且没有得到合理疏解。

在此需要指出的是，对自身的认识和接受程度会直接影响一个人自信心的强弱。在过往的经历中，我们会逐渐生成对自身的认识，并做出自我评价。假如这份评价是正面的，我们也会对身边的事物做出正面的回应；假如我们对自己的认识与事实相吻合，我们的回应就会容易被理解和接纳。反之，亦如是。所以说，正确的世界观取决于对自身的客观认识水平。

信念是价值观的具体呈现

信念和价值观是密不可分的,它们共同构成了问题的答案。在罗伯特·迪尔茨看来,信念是我们对自己、他人以及周围世界的判断和评估。价值观则通过具体行为和实实在在的环境联系到一起,并通过信念把它们同具体的认知过程和能量连接到一起。用通俗的话来说,信念是价值观的具体呈现。

翻阅韦氏词典,关于"价值"一词,它给出了如下定义:本身有价值、令人渴求的原则、品质和实体。随着认知领域的拓展,又因为它与交换价值、意义和渴望有关,价值观逐渐成了人们生活的动力源。于是,当事态情景与人们的价值观相符或匹配时,人们会感到满足、融洽、和谐。为此我们可以通过提问的方式来探索自己的价值观:

1. 请回想一下,什么样的情景会激励你?
2. 在你的人生中,对你来说什么最重要?
3. 确立什么样的信念,会让你有更积极的行动?

你的回答可能是:爱与接纳、肯定、成功、赞美、责任、幸福、成就感、创造力……你会发现,建立积极正面的价值观会让你更容易抵达目标或做出选择。简单来说,正是因为受到价值观的指引,我们的人生才具有意义。那些有大成就、天赋得到充分发挥的人通常是因为他们的格局比较大,在回想激励情景和判断人生意义时，他们通常能够将大多数人的福祉纳入自己奋斗的目标之中，所以他们的行动会更加坚定而有力。

为了使一个具体的价值观成为可实现的结果，对应的信念必须尽可能具体。比如，有三个人都崇尚"健康"的价值观。其中一个人认为自己的健康很重要，每天都坚持锻炼和养生；另一个人则认为家人的健康很重要，所以会经常给家人普及一些健康知识；第三个人则把众生的健康装在心里，他后来成为一个名医。

写到这里忽然想起导师讲过的一个故事：有一位心理学家，为了研究人的内在对行为的影响，便跑到一处采石场，采访了6位石匠。他们每天都在做同一件事情——敲石头。心理学家向他们询问了同样的问题：你在这里做什么？第一个石匠说："我每天从上午8点干到下午5点，整整7年了。"边说边流露出痛苦的神色。显然，他一直被困在环境这个层次。第二个石匠说："每天都在敲石头啊，别的事情做不了。"显然，他已经习惯了重复这样一个行为。第三个石匠说："我凭自己的手艺吃饭，也没什么不满意的。"他强调的是能力层次。第四个石匠说："我通过工作赚钱养家，让孩子接受更好的教育。"已经上升到价值观的层次了。他做这个工作是有价值信念支撑的。第五个石匠说："我希望能成为天下最好的石匠。"心理学家发现，他关注的是身份层次，这已经非常高了。他有目标有愿景，还能激发强大的动力。第六个石匠眼睛里闪烁着神采说："虽说采石场的活挺辛苦的，但我知道我们加工的石头会用来修建一座教堂,等教堂落成之日,人们可以来这里做礼拜,享受上帝的爱,每当看到这样的画面,就会特别开心。"同样是敲石头,处在不同层次的石匠,身心状态却有巨大的差别,可想而知,他们未来的境况也会大不相同!

我的一位非常成功的企业家朋友,曾经深有感触地跟我说:"无论是个人还是企业,成长的目标大都会落脚在价值观的提升上。因为当一个人或一个企业的价值观层级越高时,格局也会越大,当Ta心里装着大多数人的福祉时,事业自然就走向成功了。正是因为这个人或这个企业有较大的格局,才会进行有效而有序的布局,当价值信念统一了,生意自然也就好起来了。"

你听过肯德基爷爷的故事吗?那个将一份炸鸡秘方变成跨国商业集团的人,通过持续不断地践行自己的价值观,不仅使自己成为亿万富翁,还改变了很多人的饮食习惯。起初,桑德森上校只有一份炸鸡烹饪秘方和一个"炸鸡值得世人品尝"的信念,可喜的是他竟然带着这两样宝物出发了。桑德森上校在全国各地奔走,风雨无阻,夜间便和衣睡在车上,苦苦寻觅愿意出资购买自己的秘方的人。他不停地调整自己的价值观层级,并不停地叩响每一扇希望的大门。在被拒绝了1009次之后,奇迹发生了,终于有人对他说了"是",一个商业帝国自此拉开了帷幕。一言以蔽之,桑德森上校之所以会成功,是因为他持之以恒的坚持和对自身"潜能"的笃定,他能在被拒绝一千次后仍谨记自己的信念和使命，并身心一致地去完成它。

事实上，当一个人有了大局观，人生路径也会变得趋于明晰。在我看来，价值观就是类似于信仰的东西，因为有它的指引我们才不会跑偏，地基才会稳固，生命内部最深刻的资源也才能被唤醒。

你的未来由自己决定

通过六个石匠的故事我们不难发现，如果一个人真的相信自己能够做某事，他就会有很大可能做成那件事。第一个石匠因为处在环境这个层次，他不相信敲石头可以为他带来更好的人生，所以7年来他感受到的只有疲惫和痛苦。由此可见，信念具有一股强大的力量，它不仅直接作用于我们的行动，还对行动具有指导作用。而那些有愿景的、持续的行动，通常会激发一个人未知的潜能。

在我看来，"潜能"是一个人改变生活、践行愿景的能力，也是人类成为万物之尺度最有力的支撑。当第五个石匠说出要成为天下最好的石匠的时候，相信他的生命最高效能便被激发了。而第六个石匠正走在践行"潜能"的路上，所以会敏感地发现人们的需求，并努力去填补信仰的缺失。

通过这六个石匠的回答，我们不难发现信念可以限制我们，也可以使我们更有力量。所以，如何建立、强化并整合强有力的价值观和信念，就显得尤为重要：

1. 请你闭上眼睛，深呼吸。请你找到一个想要的事物，并感受到你对此有足够强烈的信念，然后找到一个能使之实现的方法。

2. 此刻你看到自己非常自信，并尽全力为自己想要的事物努力。

3. 请你将画面放大，你发现出现在画面中的人、事、物都具有正面积极的导向，他们对你正在做的事情表示由衷的赞赏和认可。与此同时，你看到自己的信心更足了，信念也更加坚定了。

4. 请你回想生命中过往的经验，这个经验让你感到自身的资源、信念、力量和自我认同得到协调一致的发展。此刻想象有一束 X 光正在对你进行测试，它不仅能测试你的身体，还可以测试你刚刚启动过的信念、力量以及你自我认同的程度，请你充分地感受它们，然后听到心底响起一个低沉的声音说"冲吧，孩子"。

5. 请你感受此刻内心升起的力量，并感受这股能量在体内旋转。你不仅要对未来充满信心，也深信想要的事物即将到来。现在请你记住每当有光从你身上扫过的时候，都会将这些正面积极的信念激活，让你重新回到这种优良状态之中。

首先，我要恭喜你的是，从这个练习中，你会学习到一个强大的能力，那就是与已有资源进行关联的能力。当新的目标到来时，这些自动扫描过的资源会化作一股强大的能量，关联进新的目标之中，激起足够的热情和精力，并引发极度的专注和思考，这时候"潜能"的作用就产生了。

当你将这项技术广泛地应用于自己的人生，你可能会有更加奇妙的发现。比如，在你最需要帮助的时候，可能会体验到由点到线，再由线到面，摧枯拉朽式的改变过程。著名的科学家尼古拉·特斯拉认为，他之所以会有如此惊人的创造力，源于他对自己要完成的使命和工作有高度的警惕性，即使是隐隐约约存在于生命早期，他也清楚地知道那是一棵橡树的种子，而绝非灌木丛。

他还表示自己生命中的事件和发明都是真实地在眼前呈现出来的，几乎每个事件或发明项目都能看得到。通过"可视化能力"，他还可以在心智中解出复杂的数学公式。尼古拉·特斯拉掌握的这项能力，正是将事物关联进已有的资源，激活并进一步发展那些早已存在于内部的"潜能"而产生的显著改变。

诺曼·卡森斯在《笑退病魔》一书中讲述了一个有趣的故事。帕勃罗·卡萨尔斯已经90岁了，他的身体极度虚弱，关节炎致使他行动不便，为此他不得不靠别人搀扶着穿衣服；他还患有严重的肺气肿，走起路来颤颤巍巍，脑袋还会不听使唤地抖动，双手也有些肿胀，十根手指像鹰爪般地蜷曲着。吃饭前，他走到钢琴前，就在手指触碰琴键的那一刻，奇迹发生了。卡萨尔斯就像变了一个人，连心态和生理状态都发生了巨大的变化。他的手指开始在琴键上飞舞，就如同一个健康、强壮、手指柔和的钢琴家在钢琴上舞蹈。卡森斯说:"他不再颤颤巍巍、佝偻着身子,而是变得容光焕发,春风满面,通过音乐获得了重生。"当他再次起身离开时,已不再是刚刚的耄耋老人了。

　　作为独特的个体,几乎每个人都会关注未来人格的发展以及自身真正的内情和底蕴,通过对内在"潜能"的探索,我们不但能发现自身的错误与缺点,还能看清成长的路径。在卡萨尔斯身上我们发现,信念会为人生赋予意义,也会为我们指引方向。当我们坚信某一事物为真时,就会向大脑传递"奇迹一定会发生"的指令,卡萨尔斯笃信音乐和艺术,这也为他的生活带来了美感。因为他笃信音乐有着神奇的能力,所以在一种匪夷所思的力量驱使下,让他看清了自己生存的意义。

小结

七步走,带你跳脱旧有模式的限制

1.请你深呼吸一口气,闭上眼睛,仔细考虑一些不想要的、没有效果的生活模式,并注意这个模式的基本结构。(比如,失去他人的爱,我就活不下去;我不够好,我是不配被爱的等)请你回忆生命中有这些信念,会带来怎样的行为模式,它是如何影响你的生活的?

2.请你想象一下,假如从这种模式中解放出来,未来是怎样的?如果没有了这种模式,你的生活会有哪些变化?

3.请你再仔细看一下这种模式为你带来了什么,它是否以某种方式帮助了你?比如它可能会帮助你逃避责任,逃避被他人批评和支配等。如果这些"好处"仍然对你有价值,请你继续探索如何实施这些行为而得到相应的价值。

4.现在请你对自己说:"你是自由的……所以你可以继续去做、去思考、去相信这个模式,甚至在未来的人生中你都可以这样。无论做什么你都将继续是被接受的一员。你现在这个样子是完全可以的,不管将来是否改变你的生活都是可以的。你有自由继续这样做……可是你为什么要继续呢?你难道不希望有一些改变吗?"

5. 请你感受一下,这个问题给你带来了怎样的内心反应。

6. 请你再次对自己说:"你是自由的……所以你真的可以继续这样反应,但是为什么呢?"如果需要,请你重复几次。

7. 在你提问时,请你感受一下这给你带来了怎样的内心反应,为此你要做出哪些改变?

注:当你重复询问自己之后,你将会很快超越内心关于这个主题的正当理由,还会产生越来越深刻的见解。最终,你会发现在不知不觉中你已经"跳出了盒子",也就是跳出了旧有习惯对你的限制,还会对新的思维领域产生内心的觉醒。

第四章

正确认知情绪,激发自身潜能

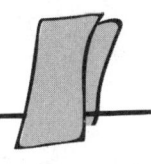

  "情绪"是一种使身体或精神兴奋的非常态变动,影响人的性情或仪态。体温开始上升,心跳愈发加快,变得激动不安。当人在经历某些剧烈冲击后,便会感觉到整个身体都激动起来。情郎迎向爱人时、胆怯者遇到仇人时,皆是如此。

——《菲雷蒂埃词典》

12. 情绪的蝴蝶效应

你是否曾在某个深夜思考过自己是谁、从哪里来、到哪里去呢？有很长一段时间，这些谜一样的难题，像不可解的命运一样攫住了我的身心。

从心理学的各项原理出发，沿着前辈们的脚步探索母婴关系、原生家庭以及童年创伤，我发现将注意力朝向过去，只从自己身上寻找答案，解脱是无从谈起的。我还发现我们会随时受限于一个巨大的信念网，几乎每一个当下都要经受过去的考验。正如你猜想的那样，假如我们无法放下过去的包袱，活在当下，未来也就无从谈起了。

我们很容易就能从一件事物中体会到愤怒、悲伤、委屈或愉快、欣喜，这些情绪作为一种能量，从出生那一刻起就是我们依托的力量。它不仅可以保护、调节和激发人的成长，还能帮助我们不断完成自我修复、自我调节与自我平衡，并形成相对稳固的心智模式。而心智模式的优劣，恰恰左右的是我们的能量层级，换言之就是我们的生活状态。假如将人体喻为水坝，能量层级代表水位线的高低，心智模式是自由活动的水闸，而情绪就是水面上时不时泛起的浪花。三者之间互相影响、互为作用，共同成就我们的生活。下面我们看一下，它们是如何在生活中发挥作用的。

人就是个情绪体

现代心理学首次提出"情绪体"概念，并声称：人就是个情绪体。从我们出生的那一刻起，情绪就伴随哭声一起到来。从此我们的生命就和情绪形影相随，相伴终生。所以，当我们理解一个人时，就要理解他的情绪；当我们接纳一个人时，就要接纳他的情绪；当我们爱一个人时，就要包容他的情绪。对待最熟悉的自己亦是如此。

《菲雷蒂埃词典》中对"情绪"的定义，不仅与现代科学研究相吻合，还道出了"情绪"的重要特征：

1. 情绪具有一种变化的特质，它可能由一开始的平静转化为激动；

2. 情绪通常会带动身体上的反应，比如见到爱人时心跳会加速等；

3. 情绪与我们的认知相连，同时也影响着人类的精神世界，它能使人以不同寻常的方式思考，也能打乱人的理想思考；

4. 情绪大都是对事件的一种"反应"，比如见爱人和见仇人会有不同的内心反应，而且这种情绪可能会一触即发；

5. 情绪往往会推动一个人的行为，它促使我们向爱人靠近，在面对敌人时也会让我们燃起战斗的意志。

综上所述，情绪包含着生理（身体）、认知（精神）和行为（行动）的三大层面，在帮助个体实时做出各种应激反应的同时，还会带来相应的结果。经过历代学者的研究，他们也都分别提出了一些理论假设，比如：

假设一：我们的情绪是与生俱来的（查尔斯·达尔文）。他们认为我们能够感受情绪，就像能够站立行走一样自然。

假设二：我们的情绪源自身体的应激反应（威廉·詹姆士），他曾提出"情绪即感觉"的理论。

假设三：我们的情绪源自我们的思想。这一假设曾被称作情绪的认知性，也是最容易让人信服的。比如，同样是面对朋友失约事件，你可能认为他不想见你，这让你感到悲伤；可能你觉得他正在热恋，此时你心中升起了喜悦或羡慕；而当你认为他可能遭遇不可预见的危险时，则会显露出忧愁。可见认知对一个人的情绪的影响是巨大的。这一理论的代表性人物，古希腊哲学家爱比克泰德曾说："人们的困扰，不是来自事情本身，而是来自他们对事情的看法。"

假设四：我们的情绪源自所处的环境。他们认为情绪首先是一种社会角色，是我们每个人在所处的社会环境中成长时习得的。

需要指出的是，尽管四种假说各持己见，但这些区别是由每种理论的侧重点不同而得出的，他们并未否认情绪的其他侧面。所以我们在面对一种情绪时，要尽量全面地审视它，这样可以帮助我们理解情绪的独特意义。

情绪的形式多样，但并无好坏之分，任何一种情绪背后都有正面的动机。比如哭，对还不能正确表达自己的小孩子来说，哭更像是一种表达方式。尽管如此，我们仍可以根据自己的喜好将情绪分为积极情绪与消极情绪。

积极情绪创造生活的实相

积极情绪有喜悦、宁静、爱、乐观和忠诚等，它们在我们的生命中不断释放善良、优雅、浪漫等情绪反应，丰富我们的生活，产生稳定的幸福感与快乐感。

消极情绪有焦虑、恐惧、愤怒、伤心、猜忌和贪婪等，它们则会扰乱内心的宁静，带来浮躁、不安全、急功近利等情绪反应，扩散到生活中，久而久之就使清澈的心灵之水趋于浑浊。

好情绪可以通过个体的阶段性努力而达成。首要的途径便是觉察，当我们深入生活的内部，开始觉知当下，明白内心的需要时，情绪的缘起自然就会清晰。

假如前夜你做了一个美梦，带着美好的情绪醒来，扭头会发现熟睡的爱人经过一夜的休整愈发亮丽，孩子准点起床也更显乖巧了，你心情愉悦地走出家门，干劲十足地准备投入一天的工作……

美国著名心理学家詹姆士的理论中最为惊人的内容要数面部反馈理论。对不同情绪对应的面部表情进行刻意模仿后，便会产生相应的身体反馈，甚至会导致相应的心情变化。假如积极情绪日复一日地在我们的生活中累积，成为一种生命的自觉，引发向上成长的动力，那么将会带来怎样的巨大改变呢？美国华盛顿邮报最近评选出十大人间奢侈品，竟无一例外地与积极情绪相关。

1. 生命的觉悟；
2. 一颗自由、喜悦与充满爱的心；
3. 走遍天下的气魄；
4. 回归自然，有与大自然连接的能力；
5. 安稳而平和的睡眠；
6. 享受真正属于自己的空间与时间；
7. 彼此深爱的灵魂伴侣；
8. 任何时候都有真正懂你的人；
9. 身体健康，内心富有；

10. 能感染并点燃他人的希望。

人类终其一生都在追求幸福快乐，那么幸福是不是一种情绪状态呢？答案是肯定的，准确地说，积极情绪会给我们带来幸福快乐的感受，还会直接或间接导致我们的成功或失败。正如我们无法否认情绪会影响我们的选择、人际关系以及身体健康，它还会对我们的人生产生蝴蝶效应般的巨大影响。

就积极情绪来说，它不仅引发了我们的感受，还创造了生活的实相。假如我们将注意力看向内在，从每一个当下觉知，便拥有了一颗自由、充满喜悦的心，也就拥有了走遍天下的气魄。假如我们回归自然，与自然连结，安全与宁静也会如约而至，进而建立与自己的良好关系。试想，一个发展出完整自我的人，怎会缺乏完美的亲密关系呢？是的，当我们的人格是整合的时，内心必然是富足的，同时也就具备了感染并点燃他人希望的能力。

消极情绪最初就带着毁灭的种子

安东尼奥·达马西奥经过大量实践研究，发现了躯体标记理论，当某种情绪产生时，这些标记就会通知我们的思想，并帮助我们以最快速度做出决定。例如，躯体与恐惧相连的不适感将帮助我们快速做出反应，避开危险的情景。

对于那些无法感知痛苦标记的病人来说，痛苦是不存在的。

这在某些情况下会带来益处，但同时也具有极大的风险。事实上，由于忽略或轻视了某种情绪，而导致错误的情况不胜枚举。安东尼奥总结道："不论情绪是好是坏，表达并感知它们的能力是人类理性的一部分。"也就是说，即便是那些让人感到不适的情绪，对每个个体也都具有非凡的意义。

公司开会要求汇报当月业绩，由于公司拖欠工资，团队士气萎靡，表现并不理想。开会时领导表示为了节省开支，准备从下月开始，按业绩做出裁员决定，连续三个月落后者将被淘汰出局。会后，你带着沉重的心情回家，因为是下班高峰期，一路上拥堵不堪，郁闷的情绪使得你气急败坏，甚至在失神之中与旁边的车发生了刮蹭，对方受到恶劣情绪的影响，于是也剑拔弩张起来，最后弄得不欢而散……

如你所见，消极情绪可能会引起一系列糟糕的连锁反应。正如气象学家洛伦兹所言：南美洲亚马孙河流域热带雨林中的一只蝴蝶，偶尔扇动几下翅膀，可能在两周后引起美国德克萨斯的一场龙卷风。其原因在于：蝴蝶翅膀的运动，导致其身边的空气系统发生变化，并引起微弱气流的产生，而微弱气流的产生又会引起它四周的空气或其他系统产生相应的变化，并最终导致其他系统的极大变化。

夏天从小就是一个比较情绪化的人，经常会没来由地感到恐惧。小的时候，她不敢一个人走夜路，每天睡觉都要开着小夜灯。

尽管成绩很好,但每当老师提问她时,她都会表现得战战兢兢。这种过度敏感的性格,让她经不起一点欺骗,即便是一些善意的谎言,在她看来都是无法忍受的,所以和她交朋友会有如履薄冰之感。为了减少对自己的伤害,她都刻意与人保持距离。

长大后,一个人在外地求学,夏天感觉像失去保护一样,总是缺乏安全感,渐渐呈现出紧缩的生命状态。据了解,在一次校内招聘会上,她认识了现在的老公,并很快确定了恋爱关系,深深地坠入爱河。然而接踵而来的,是怕被抛弃的恐惧,每次看到爱人与同事开心地互动,她都会心如刀绞。后来,这种情绪泛化为对成功的恐惧,一旦事业稍有起色或有可能过得幸福,内在模式就开始要求她退缩,并最终导致了产后抑郁。

通过咨询我们了解到,夏天内心的恐惧源自家庭创伤,而这种发生在原生家庭里的原罪情结,经由母亲的内化吸收,传递给了夏天,这也是导致她产后抑郁的根源。精神分析之父弗洛伊德曾说过:"没有变成语言的表象,将继续保持在潜意识的压抑状态里。"当夏天意识到隐匿在家庭系统里的恐惧并形成语言时,改变也就发生了。当看到内心一团一团如黑云一样的恐惧意象时,她开始明白自己是谁,从哪里来了。

事实上,夏天这种看似逃避的自我伤害,在意识层面呈现的是对成功和幸福的恐惧,在潜意识层面却是对此类限制性信念以及对自我、对父母的拒绝。这种原罪情结,是产生一系列生活困境的根源。之所以在产后爆发，是因为身体的虚弱，致使她的能量层级降低，过去累积的情绪一股脑儿地宣泄而出，就变得更加无法承受。

试想，一个家庭、一个人，会累积下多少负面情绪？尽管时间可以磨灭创伤，改变一切，但是要耗费几年、几十年，甚至几代人，其中所付出的代价未免太大了。假如现在的选择是由于当初的伤害造成的，而这个持续的付出又是大多数人都无法忍受的。如果你不想让一个情绪变成影响自己的模式，进而影响命运，那么有没有一种办法，帮助我们快速处理家庭创伤呢？答案是肯定的，现在请你深呼吸一口气，闭上眼睛：

1. 请你连续地做三次深呼吸，每做一次让你上半身的放松状态更加加深。你可以想象自己站在大自然中，请你用自己的潜意识去检查体内所有可能的负面情绪，这些负面情绪是你在过去的成长经历中慢慢累积下来的，请你将这些负面情绪逐步累积到身体的某一部位。

2. 请你观察它的颜色、形状、温度和重量，你知道它存储着你所有的负面情绪，请你关注着这个黑洞，你可能会发现它在缓慢地转动。

3. 现在请你想象有一束白光正照向你，它来自能量的源头，仿佛在跟你说我看见、我理解、我明白、我接受。然后这股能量从头顶缓缓地注入你的体内，每流经一处，就会带来温暖的感受。

4. 此刻我想请你想象这股能量在黑洞的位置聚集，直到它充满了你内心的黑洞。

5. 你仿佛看到自己的身体正在变得透明，并感受到生命能量的流动，内心充满了喜悦。

6. 请你保持着这种状态，直到你慢慢地醒来，请你再深呼一口气，慢慢地睁开眼睛。

其实，无论情绪以何种形式呈现，它都是我们生命的推动力，无时无刻不在运动变化之中。成人问题的产生大都源于童年时期情绪能量受到阻塞，导致负面情绪的固化，成为生命中的未完成事件，假如不去处理可能会永远停留在"童年"。

正如孙瑞雪老师所言，当我们成年后再度回首会发现，有无数个童年流浪在生命之河中。我们百般受挫，却无法根除。只有当我们回到过去，让固化的情绪流动起来，具有了解决情绪问题的能力，改变才会成为可能。如此一来，我们的生命长河，终将趋于宁静平和，并鲜活地流淌着……

心智模式决定情绪差异

古希腊哲学家爱比克泰德曾说："**人们的困扰，不是来自事情本身，而是来自他们对事情的看法。**"也就是说，一件事情如何影响我们，不取决于这件事本身，而在于我们的认知。

每个人都会有情绪，那么为何我们会在那种情况下有特定的情绪反应？这是由什么造成的？是否有规律可循呢？答案是肯定的。

在面对同一事件时，有些人乐观，有些人悲观；有些人习惯于向外归因，有些人倾向于向内归因；有些人习惯于关注问题，另一些人则习惯于寻找解决途径。这些我们组织和加工世界的方式，就是我们的信念，或者说心智模式。

心智模式对我们很重要，是因为它决定了我们会如何面对必然会遇到的挫折和失败，如何去追求一心想要的成功和幸福，以及在这个过程中，我们会如何评价自己。

相信你也听说过这样的段子：同样的半杯水，有些人看到的是只有半杯水了，所以很焦虑；另外一些人看到的是还剩半杯水，所以很开心。

心智模式让我们对同样的事情有不同的解读，并产生不同的情绪。所以，破除情绪模式，解除限制性信念对我们的操纵，才是疗愈的精髓，也是取得长久疗愈效果的根本。当我们对一个信念认可时，受到挑战就会有情绪出来；当我们的意识层面相信了一个信念，潜意识却还在抗拒时，同样也会陷入纠结，形成内耗。然而，一旦核心信念系统被颠覆，当我们发现道德底线在社会的强大压力面前不断后退时，怀疑、失望，甚至对人生的绝望也因此产生了。这种深刻的自我怀疑，可能会带来人生态度的模糊混乱，也可能是颠覆信念系统的重生。

那么我们要如何洞察真相，消除冲突，创造和谐的内外在环境呢？

1. 试着放下评判的心态，以接纳的态度去面对不同的信念。你可以选择请专业人士帮助，用内心语言将愤怒控制在萌芽状态；也可以画一张表格，列出所有你决心不再为此烦恼的日常情景，并为每个情景撰写一句缓和性语句，用以平息自己日益升起的烦恼。

下面来看一下语言是如何帮助我们在情境中转变的：

情景一：

触发愤怒情绪的内在信念：人人都应该对我真诚，正如我对待他们那样，否则便是无法忍受的、可耻的，我就会感到愤怒。

更灵活的内在信念：我对别人都是真诚的，我不喜欢他人以虚伪的方式对待我，但我可以忍受他们，同时我会告诉他们我的想法。

情景二：

将他人的行为视为攻击，触发愤怒情绪：父亲总是反对我未来的任何计划，这让我感觉很糟糕。

可以帮助转换信念的应对方式：有一位父亲试图保护你免于任何伤害和失望，这不是很好吗？我打赌，没有多少父亲会这么关心他们的孩子。

2. 时刻保持对内在的觉知，突破逻辑分析和数据推理的限制，

习惯用直觉洞见真相,并用正面的言语去表达。下面是一些负面陈述转化为正面描述的示例:

负面陈述	正面陈述
别紧张	放轻松
破费	合理的使用既有资源
害怕失败	渴望成功
不切实际	具有可执行性
耗费精力	容易和舒服

美国当代诗人哈尼·鲁宾曾说:"**注意你的思想,它会变成语言。注意你的语言,它会变成行动。注意你的行动,它会变成你的习惯。注意你的习惯,它会变成你的性格。注意你的性格,它会变成你的命运。**"从中可见语言的威力,它不仅将情绪转化为可见的现实层面,还会塑造我们的人生。

3. 假如将自身的困惑看成是解决此类问题的钥匙,就能在自助和助人的路上实现蝶变,最终让生命走向圆满。

4. 一个固化的信念可能会影响我们许多年,并带来诸多恶劣的影响。通过调节情绪、转换信念可以为我们带来丰硕的学习成果,也将会促使我们个人命运的改变。

小结

自测清单

你是否总是无缘无故地感到烦躁?

你是否时不时地忧心忡忡,没有安全感?

你是否常常对不好的事极度敏感,而对幸福的敏感度却不高?

你是否对自己和周围的人逐渐失去耐心?

你是否常常被别人说小题大做,抑或极端?

你是否因为不能控制自己的脾气而伤害身边你爱的人和爱你的人?

你是否因一些事走不出阴霾,解不了困局?

你是否总是制造并放大那个痛苦而不自知?

你是否觉得总是有一些人、一些事时不时地跳出来惹你心烦?

你是否有自己的"雷区",别人一提就炸毛?

你是否常因一些人、一些事不如愿而抓狂、愤怒不安?

你是否常被别人说有攻击性和敌意?

你是否常会莫名其妙地想哭?

你是否有时想把自己关起来,美其名曰"闭关修炼"?

你是否对自己很失望,不知如何是好?

有某项"躺枪"的你,可曾想过,这正是平时不懂得如何让情绪得到正确梳理和释放的结果。

13. 准确定义情绪，给抑郁一个出口

众所周知，世界的色彩是由三原色按照不同比例融合而成的，它们无时无刻不在光影中变幻，并构筑了我们眼中多姿多彩的世界，那么人类的情绪风景是否也存在类似的"基础色调"呢？

1872年英国生物学家、进化论奠基人查尔斯·达尔文提出了人类的六大情绪：喜悦、惊讶、悲伤、恐惧、厌恶和愤怒；后来，美国心理学家保罗·艾克曼将它们扩展到了十六种：愉悦、鄙视、高兴、困窘、激动、负罪感、骄傲、满意、感观愉悦、羞耻等。心理学家们一致认为愤怒、羡慕、喜悦、快乐、幸福、悲伤、羞耻、嫉妒、恐惧和爱等情绪，对我们的身心和对世界的认知具有决定性的影响。

事实上，每当一种症状呈现时，大都是几种情绪的混合体，就拿抑郁来说，当事人可能会在心中同时升起悲伤、恐惧、羞耻、

罪恶感、嫉妒等情绪，很多人表示这些痛苦的体验简直让人难以忍受，但又不知道该做些什么。如果我们换一个角度就会发现，潜意识是在用这些强烈的情绪冲击告诉我们——你生病了，而我所提供的正是能帮助你疗愈自己的万能钥匙。

认知错误，引发抑郁情绪

你大概不会想到，一个人病了的症状在向我们表达什么，是内心的渴望还是难言的痛苦？当我们用完整的视角去觉察，就会发现每一次无来由地发病都是一次痛苦的呐喊。

林岚今年35岁，是一家私企的董事长，事业成功，也拥有丈夫细致入微的爱。但是由于童年时父母离婚，这让她一直难以释怀，孩子出生后，她就得了产后抑郁症。女儿青春期的时候，林岚的抑郁症严重到了要崩溃的地步，有强烈自杀倾向的她向咨询师伸出了求援之手。

林岚说父母刚离婚那会儿，别人一个不经意的眼神都会让她颤抖，因为她觉得额头上贴着"父母离异"的标签。这不仅带给她无数的折磨，也无时无刻不让她体会着孤独和仇恨。尽管这么多年的辛苦打拼，让她拥有了丰富的物质财富，但是她的心却像断了线的风筝，找不到落脚的地方。事业的成功、爱情的幸福，都无法弥补从小缺爱的遗憾。刚得知自己怀孕那会儿，她的脾气就变得越来越暴躁，总是没来由地心慌，然后用外表的强大来掩盖内心深处的自卑和脆弱。

尽管这么多年过去了，她还是无法真正原谅这对抛弃她的父母，而只把他们看成是需要照顾的"老人"。尽管她承担了赡养他们的责任，却连一分钟也没法和他们坐在一起。自女儿进入青春期以来，女儿脸上冷漠的表情更是让她内心感到绝望。她想不明白，代际相传的冷漠和痛苦，何时是尽头，甚至怀疑自己辛苦奋斗的意义何在。

"为什么我问潜意识该如何去解决女儿的问题时，它无法告诉我？"林岚问。

"这给你带来了什么样的感受？"我反问道。

"很害怕，很恐惧。"她双手抱紧自己。

"是因为你内心的恐惧和害怕遮盖了自己的潜意识。"我看着她说。

"我不知道该怎么办。"说着她开始拨弄手中的丝巾。

"你怎么会不知道呢？还是假装不知道？一个孩子为什么会愿意生活在母亲不愿意她成长的环境中？"我接着问。

"我对孩子有愧疚，因为过去很忙，总是无法照顾她。"她把眼神看向别处，幽幽地说。

"所以你被悲伤、愤怒、愧疚的情绪占据了。"我说。

"为什么只要我们一见面就会产生矛盾呢？这让我感到手足

无措，时间长了，人就变得越来越难开心。我可以不要丈夫，但是不能没有女儿。"

"如果你做的一切都是为了得到女儿的爱，就会给她带来巨大的压力，进而产生逃离的念头。要知道，不求回报的爱才是真爱。"

当一个人处于低能量状态时，面对生活中突如其来的困境，感到无所适从是常有的事。可也正是因为再也无力承接自己的负面情绪，才加重了林岚的抑郁倾向。林岚的问题就是因为"一体化"感知模式遭到了破坏，才导致她"我就是一切"的幻想性认知的幻灭。她无法与他人保持紧密的关系，一旦对方为维护界限而做出任何不够满足的情境，都可能触及她的原始自恋，从而产生极大的挫败感。

理解是看见的初始

林岚说创业前期非常艰难，她完全是靠意念支撑过来的。让她无法接受的是随着事业的持续走高，自己却变得越来越冷漠，经常会陷入深沉的绝望里。尽管她用尽全力保持开朗乐观，一个人独处时还是会有种被黑暗吞噬的感觉。导入潜意识状态时，林岚说因为童年时没有得到父母的爱，所以无法找到与父母连接的部分，于她而言，父母只是一种责任，并不涉及爱。作为补偿，林岚在女儿年幼时给予了她无微不至的照顾，希望孩子将来有出息，可是随着女儿青春期的到来，很多事变得事与愿违。她发现丈夫再爱她，也无法弥补内心的黑洞，然后变得郁郁寡欢。

当一个人的"内在小孩"受伤了，就会下意识地去保护受伤的部分。因为"内在小孩"的核心是恐惧，当林岚在独处的时候，潜意识里被层层包裹的恐惧情绪就得到了最大程度的释放。在这个过程中，假如潜意识愿意成长，就会伴随着智慧和能力一起长大，那么成长过程中形成的恐惧也就逐渐被排解了。

事实上，每一个人在年幼时都会幻想自己获得无条件的满足。可是每个人都不是完美的，做了妈妈的女人也一样会不完美。通常我们在说无条件的爱的时候，大多是在说无条件的满足。比如，渴望任何时刻妈妈都能在身边送来爱和温暖。这样的渴望无可厚非，然而，只要对方是人，就不可能做到，即使是妈妈也不行。我们首先要明确的是，妈妈也有自己的喜怒哀乐，因而不可能在任何时候都以孩子为中心。毕竟妈妈也不是超人呀！这种爱与被爱的渴望同时在林岚身上交织着，也成了她痛苦的根源。

其实，真正懂爱的母亲，一定是信任孩子的，而且这种信任是在抱持的基础上发展的。林岚因为有一个不幸的童年，她的自我也是不健全的，所以很难与孩子建立良好的关系，当"爱"发展成占有时，边界感也就无从谈起了。林岚对女儿的爱，还掩盖了其他家人的存在。正如《黑天鹅》中母亲对妮娜个人生活的全面干预，几乎像噩梦一样伴随着她"长大"。对于一个人来说最可怕的莫过于失去自我，将生命活力与热情极度压抑、否定，并最终走向抑郁和分裂的命运。

最后一次咨询，林岚说已经把孩子该做的事还给了孩子，两人有了明确的界限。当女儿提出要跟同学一起参加外地的夏令营时，她没有愤怒，而是很爽快地答应了。林岚也说，如今她多少能放下一些父母当年对自己的伤害了，甚至破天荒地带父母去了桂林度假。听到这里，我深深舒了一口气，这才是症状呈现的意义。

试着接纳才有未来

马特·海格在《活下去的理由》一书中，曾这样论述抑郁症："它的典型症状是看不到希望。你没有未来。隧道尽头没有光，好像两端都被堵上了，而你被困其中。如果我早一点知道我的未来要比先前经历的一切光明得多，那隧道一端早就会被炸得粉碎，我就能看见光了。"

他还说："当你抑郁时，你会感到孤独，你觉得没有人经历着你正在经历的一切。你害怕露出一点点疯狂，于是你把一切痛苦闷在心里。你如此害怕人们会越来越疏远你，于是你闭上嘴，不吐露一个字。这太可惜了，谈论它是有益的。文字是我们跟世界连接的纽带，谈论它、书写它可以帮助我们连接彼此，连接真实的自我。"

很显然,同样是抑郁,成因可能会有本质的不同。这通常取决于亲人间潜意识传递的路径。假如父母潜意识传递的是厌恶,孩子收到的就是憎恨;假如父母潜意识传递的是恐惧,孩子收获的则是不安全感和不确定感。

有些人早已认定自己是不该来到世界上的,面对父母的不管不顾、不闻不问,只有通过伤害自己,来完成自我惩罚;而有的人则是因为妈妈的过分担忧、呵护,无法发展出完善的能力,从而导致了对外界的无力感,进而对未来绝望。事实上,在亲人之间即使相隔千里,依然可以通过潜意识完成彼此间的沟通,它不仅深刻影响我们的情绪,还会对生命模式产生决定性影响。

抑郁症状的解决一方面需要他人的帮助,另一方面还来自个体的努力改变,而这两者的前提是信任他人和自信。许多资深治疗师坦言,当所有的信心都丧失殆尽时,治疗也就无从谈起了。

如果将人的潜意识喻作河流,焦虑和抑郁流淌其中,向左是焦虑,向右是抑郁。只要不冲垮堤岸,不泛滥成灾,那么抑郁又怎么样?焦虑又怎么样?可是,为什么有的人泛滥,有的人相安无事?除去药物作用与机体突变等因素,与河道的宽度与深度有关。如果河道足够宽、足够深,河水如何泛滥?所以,带着你的焦虑去工作吧,它会让你的工作增添动力;拥抱你的抑郁去生活吧，它会让你深度思考。只要你没严重影响自己与他人的生活，都是正常的。

人是万物的尺度

假如一个人不只关注自身病态的部分，还对自己健康的身心感兴趣，毫不夸张地说他就能够自由控制和改善自己的生命，并有更多的可能性使自己趋于完善。当一个人表现得痛苦、挣扎、冲突、羞愧、自责、自卑或无价值感时，在大多数人看来，都是无益的、缺乏控制的，是需要即刻被治愈的。然而需要明确的是，即便是健康人偶尔也会有类似的情绪。假如此刻痛苦是你的需要，你还从这种强烈的情绪中获得了良好的安定力量，这种情绪却不合时宜地被外力调整了，我不得不遗憾地告诉你，这份外力可能会终止你朝向更高理想的可能。

许多卓越的人物都曾有过一段痛苦的、不愿回首的往事。比如，挪威小说家西格丽德·温塞特表示："我在课堂上想尽办法让自己神游，以此来避免管束。"英国诗人罗伯特·勃朗宁，9岁时被送到一所寄宿学校，有一天他在校内找了一个沉重的大水箱作为自己的葬身之所，并将浮雕想象成自己的墓志铭："纪念不快乐的勃朗宁"。这些都是卓越人物的痛苦童年，他们都通过自己的方式，践行着独特的"潜能"。

我们每个人都有一个理想化的自我，这个内化的形象在于我们对自己的本性、命运、能力以及生命"召唤"的觉知，这份觉知会带领我们忠于自己选定的道路。就像前文中提到的约拿，他在拒绝履行使命的时候，被鲸鱼吞入了腹中。在现实生活中，很多人觉察到错待自己时，会因自责而蔑视自己，并导致精神官能症。研究发现，痛苦和冲突并不都是坏的，这很可能会激发出新的勇气，增强自尊，并因此踏上正途。

所以说，并不是所有的治疗都是有益的，每一种探索都要依赖于心灵本身。如果没有治疗师可拜访，心灵会带着你的烦恼走向树林、河边，你还可以对着身边的宠物倾诉，沿着河岸漫无目的地游荡，久久地凝望星空。或者只是百无聊赖地发一下午呆，目不转睛地看着蚂蚁们搬家。你可能只需要呼吸、放松，就能感觉有些美好的东西走进里面，向你呈现一个理想的自我。

小结

如何陪伴患抑郁症或焦虑症的人

1. 要知道你是被需要、被感激的,即使表面上看起来不是这样。
2. 聆听。
3. 永远不要说"振作起来"或"高兴起来",除非你会提供具体、万无一失的操作方法。("严厉的爱"不管用,老套的、温柔的爱就足够了)
4. 抑郁症是一种疾病,如果病人说了一些无心的话,要体谅他们。
5. 教育自己。要了解最重要的一点:对你来说很容易的事,比如逛商店,对抑郁症患者也许是不可能完成的挑战。
6. 别认为这是你的错。别把抑郁症当成流感、慢性疲劳综合症、关节炎。

7. 耐心点，这个过程不会很轻松。抑郁症有涨落、起伏，不会保持一个状态。不要把某一个快乐或糟糕的时刻当作痊愈或复发的证据，打一场持久战吧。

8. 接纳现在的他，问问他能做什么，其实你能做的主要就是陪在他身边。

9. 如果可能的话，解除病人的一切工作和生活压力。

10. 尽可能别对病人的举动大惊小怪。躺在沙发上三天不起？不拉开窗帘？因为决定不了穿哪双袜子而哭个没完？那又如何，没什么大不了的。"正常"其实是主观的，没有什么标准答案。这个地球上有70亿人，就有70亿种正常。

（引自马特·海格《活下去的理由》）

14. 超越痛苦，提升内在状态

美国当代心理治疗专家杰克·康菲尔德在《慧心自在》一书中曾详细描述过自己的痛苦，因为他的父亲是可怕而喜怒无常的，所以母亲经常被打得鼻青脸肿。他说在六七岁时，自己因无法承受父母吵架的痛苦而离家出走。

他这样写道："心里面有某样东西让我觉得我不属于这个家，我仿佛投错了家。像孩子一样，我有时会幻想，有一天有人敲门，进来一个文雅的绅士，问我的名字。然后他就说，杰克和他的兄弟们是秘密地安置于这个家的，但是现在他真正的父母，即国王和王后，要带他回真正的家。"读到这些隐秘的感受，我的心里"咯噔"一声，仿佛被说中心事一样，忆起童年的某个瞬间。如你所见，童年的痛苦没有击垮康菲尔德，反而激起了他生命中最强烈的追求之一，渴望成为某种有价值而且真实的东西的一部分，并不断地寻求那生而高贵的真家。

奥地利心理学家维克托·弗兰克尔也曾遭遇过巨大的痛苦，他是家中唯一的集中营幸存者。他说在集中营待过的人还记得，有人到营房安慰其他的人，送出最后一块面包。这一点让他看到谁也无法夺走他人的心灵自由，即在任何既定环境中，选择自己要面对的态度和要走的道路，并从中找到了疗愈自救之路，成为维也纳第三心理治疗学派——意义治疗的创始人。

每当遭遇到难以解说的痛苦，或深陷恐惧迷茫的状况里时，我们会觉得没有出路，甚至看不到希望，但我们的内在却从未停止呼唤自由，是这种深刻的召唤让我们发现自身的潜能，帮助我们认识和放下产生痛苦的不健康模式，培养健康的心智模式，并应用到日常生活当中。

痛苦通常是自己吸引来的

你是否有过类似的感受，每当一个满怀痛苦或仇恨的人靠近你时，你立刻就能感受到他强烈的情绪，除非我们懂得保护自己，否则那个人的负面情绪会很快传递过来，并控制我们自身。西方心理学家将这种边缘共振现象称为"情绪感染"，可见情绪是可以在个体间相互传递的。在面对一个家庭时，你可能很容易就发现家庭成员间的情绪反应模式是非常相似的，所以说这种情绪传递现象在家人中更为常见。假如我们不小心受到了负面情绪的感染，那么通过前文提到的转换信念的方式，会较为清晰地看到内心的需要和创伤点。

吸引力法则向人们阐述了这样一个秘密——我们关注什么就会吸引什么。也就是说，你最关注的事物往往最有可能出现在你的生活中。比如，你想拥有健康的身心，首先就得拥有健康的信念；你想获得他人的爱，首先你得觉得自己值得被爱。吸引力法则极力向我们证明，人类的精神力量具有非常巨大的潜能，通过开放这种潜能，一个人就可以获得前所未有的成功和快乐，并获得人格和能力的极大提升。

所以，毫不夸张地说，一个人不如意的处境，大都是自己吸引来的。当一个人持有不配被爱的信念，就会对其情绪、身份、价值等方面发生广泛而深远的影响。当潜意识接受了这种恐惧，就会发动各种机制，经过一个漫长的过程加以呈现。也正因为时间过于久远，所以大多数时候，我们会忽视过去对一个人的重要影响。

痛苦为什么人人避之不及

修行大师杰克·康菲尔德坦诚自己曾有过逃避痛苦的行为。他说，在第一次禅修时，没有意识到自己背负了多少痛苦，因为自己早已设法关闭了童年记忆，关闭了自我怀疑和自卑感，还控制住了要被爱而不得之苦。随着内观的深入，这些潜藏在过去的痛楚都慢慢显露出来。这时候他意识到逃避和压抑并不会让痛苦和自卑消失，而真正的治疗需要接纳、看见和慈悲。

趋利避害是人的自然反应，当创伤事件发生后，潜意识会做出一系列逃避行为，试图躲避无法承受的痛苦。然而，渴望被爱、被看见、被接纳的内心需要会时刻提醒我们，无论如何也无法逃避失去连接的痛苦。情况严重的还会出现一些本能的应激反应，比如，强迫性闪回、逃避和隔离等。所以，有些人宁愿选择忍受，也不愿再次经历痛苦。这就像刺已经长进肉里，时不时地痛还流脓流血，可是已经习惯了。要真动刀动枪、挑刺放血来疗愈创伤，需要超越疼痛的勇气。

我的朋友卡罗尔自称是一个充满隐喻的人，他总是无法做到情感外露，要加以伪装才觉得安全。而在完成"艺术加工"之前，他常常感到堵得慌，更多的时候是无法表达，这样看来他几乎被恐惧和压抑占据了。

19岁那年，卡罗尔带着一大笔积蓄跑了很远的路，想要购买心仪已久的颈椎治疗仪，结果不幸的是在路上遇到了抢劫。事件发生后，他在"会被训斥"的恐惧中体验着深深的无力感和悲凉，那一刻他看到了那个脆弱不堪的自己，可是他什么都做不了，任凭最后一点自尊被击得粉碎。这次强烈的挫折，让他十年来一直深陷"身体于我是座无法逃离的牢狱"的限制性信念中，还使他产生了不被理解的孤独感和绝望感。

也就是在这种情形下，"隔离"产生了。在那段时间里，这一防御机制的出现，保护他不致崩溃，他说："也就是从那时起，痛彻心扉再也无法击穿我。"糟糕的是，这同时还带来了与其他情绪之间的有效连接，比如，不能体验真正的快乐、喜悦和幸福。他变得越来越缺乏活力，世界也开始变得陌生和疏离，人生底色也渐渐趋于悲凉。

通过阅读他了解到潜意识之所以选择隔离的防御机制，是性格使然。自幼年起卡罗尔就是一个听话的乖孩子，每当因为不开心的事情而哭泣时，爸爸都会大声呵斥，所以他在内心深处认为哭是必须加以解决的问题，表达负面情绪是不被允许的，所以内耗也就在此时开始了。而后果就是他总觉得自己不够好，无法正确表达自己，一旦与他人产生冲突，就会再次体验到强烈的羞耻感和想象中的敌意。

后来，这种恐惧和隔离的情况泛化到了带有冷冰冰眼神的事物上面，比如，布偶、机器人、佛像等。他说曾做过两次刻骨铭心的噩梦，都是陌生的星空。一次是整整齐齐的像军队一样排列的星空，在上演"天狗吃月亮"；一次是星空里的每一颗星星都会被一圈荡漾的金色波环所毁灭，那种金色特别的刺眼，他不敢看。后来他总结，仿佛他所害怕的事物，都是没有表情、没有生命、让人感到陌生、感到冰冷与虚假的人的脸。

需要指出的是，无法承受的情绪都是以症状的形式呈现的。一个身处痛苦的人，会经常没来由地感冒、发烧或胃痛，而心理治疗师的作用正是提醒当事人，从身体痛苦和精神状态的变化中，学习自我疗愈之道。我们只需要向个人传达出我看见、我理解、我接受的信念，他就会在这份纯真的看见里走出困境。

重塑心智模式，情绪只是推动力

普通语义学奠基人阿尔佛雷德·克斯波斯基在《科学与心智健全》一书中提出"地图不是实景"的理论，并确立了内心地图与世界本身之间的本质区别。他认为人类的进步主要是神经系统更敏捷的结果，而语言作为一种地图和世界观，使我们可以概括和总结经验，并传递给他人。但是，这些"身心语言"地图，并非现实本身，它决定着我们如何解释周围世界和对世界做出哪些反应。事实上，最有效能的人，是那些世界地图能帮助他们觉察到最多的可能选择和观点的人，他们觉察、组织和回应世界的方式更宽广，也更丰富。

读到这里你或许能明白，卡罗尔自己构筑的世界与真相是相去甚远的，他仅仅用一个危机事件就定义了周围的世界。之所以一直深陷其中，大都是因为内心的需要。庆幸的是，潜意识带领他看到了内心的真实。

他说那是一个噩梦，梦见自己和好友面对面坐在宿舍门外的沙发上，自己在正对门的位置，可以清楚地看到房间里没有人。但就在两人聊天时，突然从门里走出一个卡通纸片人，它的上半身是直立的，像极了简笔画的鸡，面无表情。看到它的那一刻，他说："我瞬间被震慑住了，犹如电击一样完全沉浸在恐惧的情绪里，那种感受太强烈了，就像渗透进骨头里，我面向门的这半身体包括左腿都是麻的。"

强烈地想看到真相的决心，逼迫他重新回到那个场景，半睡半醒间让自己一遍遍地进行"电影的重放"，并体验那种真实的恐惧感，直到它真的再一次带来浑身发麻的感受，大概经历了七八次后，他除了这种体验之外没有别的收获。然后他试着让自己去看门，这时候他发现自己对门也产生了恐惧。意识到向内探索的决心，他开始渴望恐惧来接管自己，希望能从中找到答案。距离门口越来越近，他说看到的只是乱乱的房间和一些随意摆放的家具，这时候一种歇斯底里的感觉升起了，他把自己埋到被子里，竭力控制着自己，用狰狞扭曲的面部表情代替了大声地哭喊，大概 30 分钟后，这股强烈的情绪才像潮水一样慢慢消退，只留下一层薄雾笼罩着他的心境。

听完他的叙述后，我试着问他："如果一个人的情感可以分为固态、液态和气态，你感觉自己处在哪个状态呢？"

他坦诚:"平时在表达善意时就像是扔给对方的一块固态的难以消化的东西,尽管它是真诚的,但却总显得突兀,不自然。"

"你害怕做自己吗?"我接着问他。

他像再次遭受电击一样,仿佛恍然大悟一般,瞬间把人生中所恐惧的事物全都联系起来了。

我接着问他:"卡通纸片人没有表情,没有生命力,象征着什么呢?"

"象征着被压抑的、真实的情绪以及与之相关的种种,我对它的恐惧,是因为我对表达真实情绪感到害怕,所以想逃离,意味着内心想要隔离它们。恐惧作为一种情绪,尽管隔离了我感受其他情绪的能力,却没办法隔离恐惧本身。当我一步步走向门口,这些情绪也在向我靠近,越是临近越是强烈。当我走到门口向室内看时,是想看见被压抑的真实自我。"他几乎是一口气说完的。

沉思了片刻,他又补充道:"当恐惧突破防御,如排山倒海一样向我涌来时,我就被它接管了,随之而来的是歇斯底里的哭泣。回想防御机制的'诞生',因为无法承受痛苦,隔离就成为我性格中的一部分。而此刻在梦里,它们再次被恐惧摧毁了。"这样说着,我看到他几乎要手舞足蹈了。

"天哪,原来是这样!这是我有生以来第一次真真切切地看见了自己的恐惧。原来真实的情绪是有生命的,当我看见它、感受到它,它便再也不愿被深藏在内心深处了。"卡罗尔仿佛顿悟一般，开心地向我诉说着，我看到他眼里闪烁着喜悦的光，那是潜意识的指引让他感受并意识到了自己的恐惧。

后来，他说引发这个梦境的原因是，临睡前给好友发了一条在自己看来欠妥当的微信，引发了内心的纠结和忐忑，是想要表达又害怕表达的想法，引发了自身的恐惧，进而产生了对自我的怀疑、不安和羞愧。进入梦乡后，那些被封印在潜意识深处的情绪，便以隐喻的方式呈现了。豁然开朗之后，他有了一种灵魂归位的感觉，身体变得柔软和温暖，悲伤、遗憾、喜悦、开心等情绪在内心一一升起，就连困扰他多年的颈部肌肉也变得放松了。

假如我们接纳痛苦，允许负面情绪发生，困境也就有了改变的可能。当你允许自己哀伤，就像一只受伤的野兽舔舐自己的伤口，对于伤口的修复来说，这是一个必要的过程。但是，如果一只鸟反复在伤口上花费太多时间，以至于其他一切都视而不见，那么它也会忘记怎样飞翔。

允许并不等同于沉溺，不是主张顾影自怜，更不主张用伤痛"标签化"自己。一旦我们把自己等同于受到的"创伤"，这就是麻烦的开始。既然选择面对，就会有情绪产生，会有各种感觉升起，我们要做的就是接纳自己，接纳情绪低落和连续的幽深阴暗。正如鲁米所言："**伤口是光进入你内心的地方。你的任务不是去寻找爱，而是寻找并发现你已在内心构筑起来的一切反抗它的障碍。**"

小结

你可以做到一切事情

习得性无助是一种被动的消极行为。当一个人在某件特定的事情上付出多次努力，并屡屡失败，形成了"行为与结果无关"的意识后，可能就会将这一无助的感觉过度泛化到新的情境中，甚至包括那些本可以轻松掌控的情境。

比如，你已经在很长一段时间内处于孤独中，就会渐渐认为孤独才是人生的真实，从而更加放弃与他人交流。习得性无助就是我们自身产生的命运，它的存在可能真的会让你一事无成，然而看清它，我们就能从中摆脱。

所以当不好的事情发生时，不要沉溺其中。一些新事物进入我们的生命时，会改变我们，也会改变未来事件的可能性。

习得性无助会让你一事无成，但摆脱它却能让你变成一个强者。

当无能为力的念头产生时，我们可以试着问一下自己："现在这个情况，我们还可以做些什么？"下面是我的一些小建议：

1. 首先觉察自己感到无助的原因。

我们是否将一时的困难夸张成永久的困境？是不是提前错误地将自己判了死刑？

2. 同一种情景给自己提供三种解决办法，先不要急着说"不可能"。

3. 在感到无助时，觉察哪些情况是由情绪引起的，并对周围环境和自我处境进行理性分析。

4. 在感到困难时，先将注意力放在处理小任务上，逐渐建立自信心。

在取得小的进步和成绩后，及时用它们来激励自己，及时庆祝每一个小的胜利。切身体会到"自己真的可以做到一些事情"本身就是一种鼓舞。

（引自塞利格曼《习得性无助》）

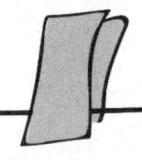

第五章

重新认识你自己,开启生命原动力

  意识状态并不是在空中盘旋摇摆、缥缈无实体的某些东西,相反,每一个心智都有自己的"身体"。每一种意识状态都有可以被感知的能量成分、一种具体的情感,任何一种觉知状态都有一个实在的载体为之提供切实的支持。

——肯·威尔伯

15. 把自己置身于你希望的地方

许多人表示痛苦就像一张看不见的网,尽管不会轻易被触碰,但你知道它会在不经意间束缚住你,挡住来时的路。痛苦的形式多种多样,除却失去亲人和挚爱的痛,可以说我们大部分痛苦都是无知造成的。

首先需要明确的是,痛苦是一种深深不满足的状态。这种不满足有时会与肉体的疼痛结合在一起,但它首先是源自精神的。面对同一件事物,不同的人会做出或喜悦或不快的反应。你可能很容易就发现,当一个人的"自我"受到威胁,或得不到所欲求的东西时,痛苦就出现了。它生于欲望、眷恋、仇恨、骄傲、嫉妒、缺乏分辨,以及那些扰乱人的精神并使之沉入一种混乱和不安全状态的心理因素。

有很长一段时间,我也活在这样无知的痛苦里,比如,在不知所以然的时候盲目地选择职业、走入婚姻，在无知的迷雾里左冲右突。经历过才发现那都是对自己的不确信使然，而潜意识作为人生的导航系统，则在前方牵引着，试图用一个又一个内在表象让我看清楚自己是值得的，也活在深沉的爱里。它还会引领我们进入生活之中，寻找一条穿越它的智慧之路，进而收获圆满丰盈的人生。

2010年，翻开第一本心理学书籍时，所有的感受使我内心确信，这里有某种希望深入探求的实质性的东西。我意识到当自己身处其中时，心灵是可以飞翔的，极容易忘记生活的痛苦，也就是在这件事中我充分感受到了当下带来的身心宁静。所以，在这里我很想告诉你们的是做什么不重要，为什么而做才重要，最重要的是让自己置身于你希望的地方。

事实上，当你将自己置身于希望中，就能更好地使用生命潜能。你心中还会升起一个强烈的愿望，那就是将时间完全贡献给重要的事物——非常自然地，使命也就随之而来了。在不断践行使命的过程里，我发现当精神研究能够引起一个人内心真正的革命时，它就变得极具生命力了，它会随着每一个生命的向好而保持新鲜与活力。

捍卫"自我"也是一种限制性信念。

在捍卫"自我"之前，首先需要明确的是，我是谁？

我们每个人的心中都有一个"我"，你珍视它，想要不惜一切捍卫它,甚至做出了一系列眷恋的行动,可是你有没有想过这个你努力追求的"我",真的存在吗?它是什么呢?你的相貌吗?你的学历吗?你的名字吗?你的职业吗?……

那么,这个没有真实存在的概念之"我",为我们带来了什么呢?是那些你避之不及的消极情绪。假如我们能够驱散对"自我"的错误理解和对各种现象的牢固性的信任,假如我们能认识到这个"我"没有任何自己的存在,你还会害怕不能得到自己欲求的东西,害怕接受自己不想要的东西吗?是的,**当我们放下对"自我"的眷恋时,就可以抵达内心的平静。**

你可能听说过这样一个故事,一个人在昏暗中看见一根杂色的绳子,并误以为那是一条蛇,这时候他有一种恐惧的感觉。他很想逃走,或者希望有一根棍棒能将蛇弄远一点。这时候有人在近处点燃了灯火,他立即就发现那根本不是一条蛇,而是一根杂色的麻绳。这整个过程中,什么都没有发生,有的只是他对"自我"的守卫,以及因此而产生的负面情绪。在造物主看来,他没有毁灭蛇,因为那从来就不存在,他仅仅是驱除了一个幻象。

这个故事告诉我们,当我们将"自我"看成是一个真实的实体时,就会倾向于吸引自认为可爱的、有利的事物,而排斥自认为不可爱的或有害的事物。一旦人们认识到"我"没有任何真实的存在,所有这些吸引和排斥便消失了,就像把绳子当成蛇的恐惧消失一样。这也可以帮助我们加深对真相的认识。

许多心理症状的存在，大都是因为我们对某一个"自我"的执着所致，而心理治疗师就是那个点亮灯火的人，假如当事人自我学习的潜能被唤醒了，当他在迷雾中看清了真相，症状也就会自行消解。而那些真正被唤醒的灵魂，犹如一座风所不能撼动的山，既不因困难的折磨而悲伤，亦不因成功而狂喜。

镜像他人，确认自我

以上我们描述的是执着于某一个"自我"的情况，然而现实生活中还存在许多失去自我的人。前不久工作室接访了一个26岁的女孩梅儿，她属于典型的"缺失性"紊乱，几乎丧失了"想要"的能力，都是她的母亲告诉她该要什么。当她伸手去拿冰激淋时，"你不能要那个。"母亲说，"你已经吃得够多了，你已经饱了！"然后她就只能带着不确信的神情，根据母亲的指令来做出生活中遇到的所有选择。如果没有实时的干预，她将带着到底"哪一个才是更真实的"困惑，陷在自己的需要与他人的断言中不能自拔，深处同一性扩散的泥潭。

另一位患者安琪试图去了解自己想要什么。比如，她想要和男朋友结婚吗，或者是她应该选择与爱人生活在一起吗？她的疑惑对我而言就是澄清什么是她应该要的、什么是恰当的要求。治疗期间我们逐渐了解到，"想要"作为某种源自内心的事情，在梅儿这里并没什么实际的参考。

她对于这个问题的变化脚本感到困惑,因为在她看来想要总是优先于应该的。比如,我问她逛街的时候她会做些什么,她如何挑选毛衣。她说这很简单,小时候她会听从妈妈的意见,长大以后则会带朋友一起去,让朋友帮忙看哪件更合适。这些都是在早期养育中,遗留在性格中的毒素带来的恶劣影响,而且其表象之繁杂不胜枚举。

当一个人习惯性地被输入指令,习惯了执行他人的意愿,就会丧失制定规则的能力,从而忘记自己是可以选择的,也是有能力改变的。一个不会说不的人,很难确定自己不要什么,那想要什么也就无从谈起了。

个体心理学派创始人科胡特,在发展健康自体的需要理论中提出了镜像概念。镜像他人就是凭借我们在他人眼中的样子来确认自己,按照自身的本质去接受感知觉。他认为:共情就是接受、确认并理解他人的反应,是一个人心理生活的必需品。在婴儿期与童年期,对于共情式回应的需要是自体的结构与组成的关键。被充分镜像化的部分就是及时转化为心理组成的一部分,它使我们认为这就是真实客观的自己。

拥有"足够好的"共情式回应的人会感到自己是整合的。大部分时间里,他们感到与世界"和谐共处",一旦他们得不到确认或者被误解,因为拥有被内化的前期体验去经受可能发生的事情,所以会很快恢复平衡,也不会因此有太多痛苦。

另一个叫乔治的男孩,想要接受治疗但又发现无法与我们交流。他深信无人能够理解他的痛苦(痛苦主要来自他升学的失败),以至于他已经对分享内心体验感到麻木。对于乔治的父母而言,他是他们炫耀的资本,而不仅仅是一个被爱的孩子。他们是精明强干的职业精英,急于开发他的智力潜能,希望他能够进入全国最优秀的大学。乔治每天除了做各种繁重的课业,还要参加更为严苛的培训班和模拟考,这让他感到自己仅仅是为了父母的"面子"而存在。

乔治除了提到自己感到非常压抑和愤怒之外,还不能用其他言语来表述更多的内在体验。大学考试失利以来,他更多的是面对父母的沮丧,而对于自己将来的生活该怎么办还没什么设想,他甚至怀疑自己还能否参加高考。他感到很空洞,没什么好说的,而且他还会把我们的共情当作质疑加以攻击。当他在一次模式体验中试着表达自己的愤怒、恐惧和委屈时,才开始从压抑中走出来。

在人类的痛苦体验中,感到不被理解是最重要的一个。沙利文认为,不被理解就等同于终止了存在,等同于自体的解构。尽管有朋友和恋人,尽管在人际网络中有对他人的依恋和嵌入,我们依然会痛苦地感到没有被他人所理解。当我们的核心领域遭遇他人误解的眼神时,也会感受到从未有过的伤害。

事实上，完全的理解从某种意义来说只是一个理想化的目标。正是这些目标使得我们持续不断地努力，去超越控制的束缚，然后逐渐优化，追求生命无限突破成长之可能，满心欢喜地存在于生生世世，以智慧穿越时空，向外界撒播温暖与爱。

向内觉察，从源头挖掘自身潜能

卡罗尔·吉利根在《不同的声音》一书中指出，男人和女人都会经历三到四个主要的道德发展阶段。男性的逻辑或男性的声音倾向于以自治、公义和权利这些措辞为基调，而女性的逻辑或声音则主要以关系、关心与责任为基调。男性倾向于自主，而女性倾向于共享；男性重规则，女性重感情；男性善于观察，女性善感受；男性倾向于个人主义，女性更注重关系。在书中，吉利根描述了这样一个有趣的故事：一个小男孩与一个小女孩在玩耍，男孩说："我们扮演海盗吧！"女孩则说："我们过家家吧。"男孩坚持说："不，我想玩海盗游戏！"女孩回答道："好，那你就扮演住在我家隔壁的海盗吧。"吉利根表示，男孩宁可伤害感情也不会破坏规则，女孩则会为了情感而打破规则，这就是不同的声音。

事实上，我们每个人的内在都同时存在男性声音与女性声音，不同的是这两种模式可能在某一阶段居于主导地位。有意思的是每一种声音都可能呈现出健康的和病态的类型。而我们说某人受制于不健康的类型，是为了更好地理解他，并以更加清晰和有效的方式与之交流。

健康的女性原则倾向于和顺、建立关系、关怀以及慈爱，当它变得病态时则会陷入挣扎，会迷失在关系中。这时候她无法以一个健康的自我与他人共处，在失去自我的同时还会被关系所支配。她们无法做到在联结中发现圆满，而只能体会在消解中迷乱。

健康的男性原则倾向于自治、力量、独立以及自由，而当它呈现病态时则意味着太过或不及，并开始有了不同的呈现，比如，疏离、支配、毁灭的力量以及对关系与承诺的病态恐惧。这种类型的患者大都被恐惧支配着。

尼采说："凡不能毁灭我的，必使我强大。"《大卫与歌利亚》一书，对那些进入《大英百科全书》的历史名人的身世做了考证，他们发现有1/4的人在10岁以前失去了父母中的一位。在这些人15岁以前，单亲比例是34.5%，20岁以前是45%。他们成为首相和总统的比例也远超于正常人。所以说，单亲家庭对普通人来说是个巨大的困难，可是对那些没有被这个困难打倒的人来说，这些困难让他们不得不更早地自立，并且因此而变得更加强大。

由此我们可能会发现，困境和潜能之间也存在互相转化的关系。所以在困境出现的时候，保持一个中立的态度，可能会有助于我们迅速找到自己的立足点。需要指出的是，唤醒潜能的核心在于，我们希望帮助个体在源头上发现自己最大的潜能，看清真相，以确保不会错过任何成长与转化的可能，以及各种解决问题的方法。

16. 冲破无力感的壁垒

小倩是一个很爱笑的姑娘,见过她的人都会喜欢上她明媚的笑。只是她的和善里总带着一些距离,自保似的刻意划定安全范围。

"为什么进入大学以来,我却越来越孤单了呢?"她扬起微红的脸,两眼无辜地看向我。

"你是不是总刻意回避大家组织的各种活动,时间久了,大家会以为你压根不屑于各种无聊的社团呢?"

"是我觉得自己一无所长……"

一阵长久的沉默后,小倩给我讲述了她的童年。她一直生活在父母的庇护下,大小事情皆是他们拿主意,在爸妈眼里,小倩是一个长不大的孩子,总是不能让他们放心。渐渐地,她在这种包办式的亲子关系中,逐渐失去了生命活力。

异地求学以后，失去父母的庇护，小倩就像一只惊恐的绵羊，自然地躲进小小的围城里，不肯出来。和大多数人一样，有时候我们也会将不适应当成退缩的借口。于是关起心门，躲进图书室或韩剧里，不愿与外界有过多的接触。几年下来，在收拾行李时，发现自己居然什么都没留下，除了一段不真实的逐梦岁月。

从心理学角度分析，小倩的人际关系是充满焦虑和恐惧的。因为父母本身是没有安全感的人，无形中也就将恐惧投射在了孩子身上，并时刻焦虑着小倩的安危。孩子在不明真相的情况下，会将信息全盘吸收，并认为是我不够好、我不够优秀、我是无法独自面对困难的，然后在日常生活和人际交往中显得畏首畏尾。

当小倩带着这份无力感应对生活时，就会创造各种障碍，最后连"爱"的能力也被降低了。事实上，无力感还会让小倩感觉不安全，进而做出疏离人群、逃避社交的行为，也就创造了不和谐的人际关系和不受欢迎的现实。

此外，小倩恐惧社交还有更深层的原因，那就是低自我价值感。家庭治疗大师维吉尼亚·萨提亚将自我价值感定义为：一个人对自己的感觉和想法。显然小倩是低自我价值感的典型。

自我价值感通常是由早期亲密关系开始，在不知不觉中习得的，它还会以性格的形式延伸到生活的各个面向。

被阻滞的成长

菲儿总是一身素衣，鲜少见她衣着鲜亮，即便如此她依然有众多的追求者。可越是这样，她便越加素净起来。对她来说，被人关注和喜欢仿佛成了一种负担。

"不知道为什么，每次收到追求者略显暧昧的简讯，总有种被亵渎的感觉。"

"请你回想一下最早产生这种感觉是在什么时候？"

她说，这种感觉源于中学时代，那时候学校里流行写情书，菲儿人长得清丽，难免格外受关注。晨跑、课间操、午休或放学后，每隔一段时间，桌洞里就会多了一些不明来历的书信。

情人节那天，一封情书和一束玫瑰花出现在菲儿家门口——当晚，爸爸就召开了家庭会议，严正声明早恋是坚决不被允许的，并列举了一堆早恋的坏处。菲儿说她感觉天都要塌了，无助地哭了一夜，也没搞明白到底要怎么办。从那时候起，她就越来越往素净里打扮。

暑假将至，又到了菲儿和妹妹去姨妈家度假的时候。她们飞快地收拾行李，准备迎接快乐的假期。就在这时电话铃响了，是一个男生打来的，大意是要来她家里拜访，直到那个男生出现在家门口，菲儿才从惊恐中回到了现实。不出预料，假期被取消了。那年暑假，菲儿一直在家里不敢出门，生怕又会受到一些无端的批评，菲儿说那年夏天是黑色的，从那时起她开始讨厌给人写信。

这个事件带来了不被打扰的青春期，却也产生了非常恶劣的影响，那就是恐惧亲密关系、排斥异性。菲儿在大学时谈的男朋友和毕业后与同事的一段交往都无疾而终，婚姻关系更是一团乱麻。

从心理学角度看，菲儿的反应模式是被规则固定的。在她眼里父母就是标尺，然后被强行输入的信念系统和价值观控制了感情生活。她甚至认为如果我不这样，就会失去父母的爱，就会活不下去，并在内心形成了轻微的强迫。

长大后，虽然父母不在身边，可行为模式早已内化为性格。所以，当她把这种反应模式投射到亲密关系中，就会不断带来冲突与矛盾。菲儿坚信被人爱、被人关注是会带来麻烦的，美丽和优秀最终也成为她最大的负累。

怎样认识无力感

许多刚刚接触心理学的朋友说，很容易出现遇到原理就往上靠的现象，每一种情景仿佛都在呈现自己，久而久之也就进入了"代入感"的误区。

诚然，在每个人的成长过程中，或多或少都会留下一些创伤。

即便听了很多道理，我们依然要从自身出发，在摸索中前行，而唯一具有指导作用的就是我们的内在觉察。

可能这颗心，曾经误导过你，但是既然它带你途经此处，就有它经过的理由，说不定这里正潜藏着疗愈的机缘。也许你正在为学业发愁、为工作忧虑或者你正深陷一段纠缠不清的关系中，那么当你看着它、感受它的时候，都带来了哪些感觉呢？

是的，你也许会感到不安、焦虑、恐惧，甚至产生逃离的念头。当这些过去之后，也许还会迎来一种更深的感受，那就是——无力感。无力感是一种让人懊恼的情绪，因为这会让人产生一种无计可施的感觉。这种哀伤的心绪会慢慢控制你的身心，让你觉得无法逃脱。它是如此沉重，很多人在感受它的时候，会怀疑自己是否还能安然地存活下去。也正是因为它的沉重，很多人在感受到它的时候，就选择逃开了，甚至忘记了自己是有选择的。

就像大多数人体验到的，无力感在诞生之初总是伴随着深深的沉重和绝望。当时间被拉长，负荷的情绪逐渐增多，会让人更加感觉无力承受，进而生出各种各样的逃避模式。

大多数经历痛苦挣扎的人，通常会进入控制阶段。他们只有将控制权牢牢地掌握在手里，才会感觉安全。你可能不会想到，对自己的不认可、不接纳，会带来糟糕的后果。

事实上，当我们有了预设，对事物产生改变的动机，就会从中生出控制力。当控制力发挥作用时,就会产生一切尽在掌握的安全感和力量感;假如控制力不能发挥作用,就会产生受挫感,当受挫感一再重复,当事人就会进入更深的无力感之中。就像菲儿,如果她只是单纯地自艾自怜,那就只能再次体验自己的无力感。这样的情景重复的次数多了,就会形成一种内在模式,无论多努力也无法跳脱。

事实上,长期处于无力感当中,还会给我们带来羞耻感。我们会为自己的不能自已感到深深的羞耻,只是这感觉来得更加深远,而不易觉察。比如,我们会痛恨自己的无能为力和不能够,我们试图以此来消除内心的恐惧,以为假如我能较好地控制自己,就可以对外界施加影响。

如果我们一开始就选择这样做,的确会对外界施加影响。但假如外在已经不可控,我们的控制力就变得非常有限,甚至会通过"超我"来评判和伤害自己。这些失控的阶段也是彼此交织的,从底层情绪到表层情绪错综复杂地互相影响与推动着。

无力感的来源

很多时候,我们会将无力感称之为无助。

就像小倩生活中的重大决定,通常都不是由她自己决定的。由于未能建立起良好的自我,她成了极容易被突破的人。一个孩子，在母体的混沌之中是没有无力感的。那么，从什么时候无力感开始伴随人们左右的呢？

这一方面可能来自我们的集体无意识。因为千百年来，人类在生存延续的过程中，越来越多地呈现出一种无能为力。有些人经历了巨大创伤，而无法做出保护自己的行动。这时候天然的安全感与力量感，会因自身抗压能力及复原能力的差别，受到不同程度的破坏。

另一方面，在个体诞生的过程里，孩子就已经感到困难重重，甚至体会到窒息的感觉，最初的无力感已经开始萌发；在0—6岁期间，如果没有得到很好的照料，也会生出类似的感受。原生家庭就像孩子生长的土壤，土质的优劣不同，带来的果实也是千差万别的。有时候并不是惊天动地的大事伤害了我们，而是一些不经意间发生的小事伤害了我们。

跳脱模式控制，直面生命真相

一种心理机制按照惯性发展为模式，就会在无意中影响我们的生活，甚至一生的际遇。那么，我们怎样才能跳出这些模式，真正面对自己的人生呢？

首先，觉察是重要的开始。当我们开始觉察到下一刻的情绪和内在感受时，也就不难发现我们的心理是按照怎样一种模式在运作。事实上，疗愈就是认识自己潜意识的过程，一旦我们了解到，也就有了转变的契机。

其次，更重要的一点是，我们需要了解模式背后的正面动机，然后将其表达出来。这是最艰难的一步，因为正确的表达是一个烦琐的过程。当一个人找到表达的出口后，无论他是学习、工作还是单纯地欣赏美景，都会把每一个临在当成对自我的表达、对本体的追寻，也就真正开启了疗愈。

小倩在早期关系里，能量受到压抑，但是她内心却有一种爆发的渴望。当她那样问的时候，事实上是受压抑的部分在表达，如果我们能正确对待这份期待，转化被压抑的能量，自然会收获良好的人际关系和亲密关系。幸运的是，在治疗过程中，我们疏解了这份被压抑的能量，从而缓和了小倩的人际关系，让她顺利找到了喜欢的工作，并最终收获了甜蜜的爱情。

菲儿，则在认识自己的过程中，建立起新的内在评价系统，让她试着敞开自己，重新认识存在的意义和价值，摒弃错误的认知模式，也开始试着接触喜欢的异性。

总之，关系是在碰撞中产生的，亲密关系更是如此。无论童年生活曾带给我们怎样的创伤，我们都必须努力成长，经营好现在的生活。当我们放下对过去的执拗，就会明确自己交往的界限，而不是过分关注他人的看法和观点。

假如我们能够正确看待生活中的每一个发生，就会找到与自己内心相吻合的观念来解决问题,并将其作为重建认知系统的重要支撑。而心理治疗就是穿过扑朔迷离的命运之网,解开幸福快乐的密码,在爱与被爱中建立一座心桥。

17. 别让过去的创伤变成未来的困扰

每个人的心底都或多或少地掩藏着一段不快甚至痛苦的经历,如错综复杂的根须般缠绕在我们的心头,让人无法心安。不可否认,不管你如何挣扎,这些都已经成为你生命里晦暗的一部分,不管你愿不愿意,它都会陪伴我们一生。如果总是纠结于过去的创伤,那么你可能永远都不会感到快乐。所以,人,只有与过去的创伤和解,方能得到内心的平静,得到未来的幸福。

你的内心创造了实像

半年前,工作室接访了一位格外挑剔的成功人士约翰。在约定好咨询的当天,他说单位临时安排了出差,并提出可否将时间做一些调整。可是,如果我按照他的要求做的话,就会给后面的工作带来很多麻烦和不便,于是我断然拒绝了约翰的请求,并遗憾地告诉他我们不得不错过这次咨询了,下周将继续在约定好的时间会面。

挂断电话之后,当我重新回顾与约翰的通话时发现,如果是面对其他的咨询者,我也许会毫不犹豫地答应下来,并对咨询日程做出更加合理的安排。

你一定很想知道,为什么对约翰我会变得这么容易拒绝呢?答案就在于从第一次见到他开始,我压根儿就不期望再次见到他,更不渴望与他有更深刻的交流。正是因为我抗拒他令人窒息的挑剔,才在第一时间切断了在本周见面的可能。他从第一次见面时就开始抱怨自己的女友有多糟糕,并一再提出工作室身处闹市,光是停车就浪费了他很多时间,甚至还一再提出在狭小的空间里,他是没办法静下心来回忆童年的。如你所见,约翰的愤怒和指责几乎要将我击溃了。

在约翰看来,但凡与他有关联的人,仿佛都是麻烦的制造者,只有他自己是清白的。他在面对身边的每一个人时,包括我们之间的治疗,都像游标卡尺一样给予对方高度批判。总之,女友谈了一箩筐,如果关系没有像他期望的那样发展,他就没法感到满足。

事实上,正是因为被一种不配被爱的魔咒控制着,约翰才一再将关心自己的人推远了。而这一次因为女友的离开,加上他即将面临事业上的重大决策，在多重压力之下，他再次启动了抗拒一切的模式。意识到约翰的问题所在，我决定在下一次咨询时一探究竟。

到了下次约定的时间，约翰出现在工作室中，像我预料的那样，他看上去油腻腻的、一副没睡醒的神情，不同的是他好像对挑剔失去了兴趣。约翰轻轻地摆摆手向我打招呼，然后缓缓地坐进沙发椅，低着头落寞地说起了自己的原生家庭。他说，不知道为什么，从记事起就特别讨厌他们，甚至经常在心里历数爸妈的不是，说着说着脸颊都涨得绯红，看样子他恨不得自己是从石头缝里蹦出来的。然而在导入催眠模式之后，他看到年少的自己总是围绕在父母身边，想靠近又不敢。继续深入之后，他说自己有一个很不踏实的童年，那时候的他非常渴望与父母在一起，也渴望得到他们的爱和关注。

然而，每个月很少的几次碰面，几乎磨灭了他仅有的希望。每次父母回来，放下东西之后就是一通忙碌，根本没时间和他交流；有时候一觉醒来，父母早已不见踪影。好像他们总在用忙碌逃避对约翰的亲近。渐渐地，等约翰入学之后，这种强烈的想与父母连接的渴望就被隐藏了。他越来越讨厌父母，甚至不记得自己曾经被他们爱过、欣赏过了。

美国著名家庭治疗大师萨提亚认为，一个人和他的原生家庭有着千丝万缕的联系，而这种联系有可能影响孩子一生。从约翰的家庭互动模式看，父母都是不善于表达的人，是他们的疏离带来了约翰的愤怒和攻击。约翰对身边人的挑剔，一方面是因为童年时爱而不得的泄愤，另一方面也因为他强烈渴望被关注。看上去他拒绝每一个人，事实上不过是渴望与父母连接，想重新获得他们的爱罢了。而之所以是在分手后、公司出现重大决策时才呈现问题，是因为约翰内心始终不相信自己是一个值得被爱、被关注的人；他不相信通过努力，可以过上成功快乐的生活。

"现在感觉如何？"导入模式后，我问。

"头很痛，总感觉睡不醒，自从女友离开后，每次面临强烈的情绪体验我都有种万箭穿心的感觉。现在我们一手创办的企业有了很好的发展机会，本应高兴才是，可我却感觉万念俱灰。"约翰回答。

"那估计这种疼痛还要持续一些时间。"我完全能理解他的处境，纠结的情绪如影随形，几乎压得他喘不过气来。

"嗯，我也这样认为，我大概很难好了，总是被糟糕的感觉占据着。"约翰点着头表示认同，这时气氛变得稍微缓和下来，只是他仍旧无精打采地垂着头。

"想象你正身处郊外，路过农田时你发现近水的麦田都结满了穗子，颗粒饱满地迎风飞舞；而那些旱地的麦田，受干旱天气的影响，已出现了大面积枯黄。一年的劳作有可能会颗粒无收，如果你是老农，会怎样做？"我看着他说。

"我会从水库里引水浇灌,这样收成就能保住了。"他若有所思地回答。

"可是最近的水库里,也已经干涸了。"我进一步说。

他先是现出惊恐的神色,紧接着表情就舒展开来:"我们是不是考虑在附近打一眼井、修一条水渠?这样就能做到旱涝保收了。"

"是个不错的主意。"我看着他,鼓励他继续说下去。

可是,约翰刚提起的兴致,即刻又暗淡下去,意识到自己目前的处境,他又变得焦躁不安起来。"我不想跟老农一样,让自己的努力白费。他可以考虑打一眼井,我又该怎么办呢?目前我没法坐在办公室里,有时候痛苦得想要撞墙,我感觉自己快要支撑不下去了。"他带着希求的语调缓缓地说……

"在你心中是否有一个隐秘的敌人?"

"是的,他太强大了,几乎要把我压垮。尽管相处了这么久,我却不清楚他是谁。"显然他很想摆脱目前的状态。

"假如你现在正生活在一片无人岛,周围除了礁石,还有一片安静的沙滩,阳光从头顶上方温暖地洒下,照在你和你的最新型的战舰上。而在不远处的岛屿上,就生活着你最强大的敌人,尽管是隔海相望,可你无时无刻不感受到他的威胁。现在请用你的愤怒制造出世界上威力最强的炮弹。"

"嗯,我要把这些威力巨大的炮弹化作熊熊燃烧的战火,向敌人发送两天两夜，直到他化为灰烬。接着我要下一场倾盆大雨，将灰烬冲刷得无影无踪。"

"好，那你试着想象这样的场景，将所有的愤怒都化作炮弹发送出去，而且弹无虚发，刚好着陆在对面的岛屿上。"我顺着他的语境继续深入，发现他的神情渐渐放松了，从上扬的嘴角看，他心中还升起了一丝得意……

半个小时之后，约翰惊呼："太棒了，我感觉内心的压抑一扫而空，取而代之的是满满的喜悦。但是我太疲惫了，想好好睡一觉，然后早起去公司开早会，安排下一阶段的工作任务。"看着他安静释然的样子，我也深舒了一口气。

与过去和解，还身心自在

有意思的是，在跟约翰的相处中，我发现自己也容不得别人的半点挑剔，就像回到小时候一样，约翰的行为使我忆起了对妈妈的不满。与约翰不同的是，有很长一段时间我都是妈妈眼中叛逆的孩子，尤其是进入青春期以后，总喜欢和她对着干。

就在半年前我还坚定地认为，跟妈妈的关系大概不会好了。然而当妈妈帮我照顾4岁半的女儿，并搬过来同住之后，我才发现原来与妈妈相处比我想象中要容易许多。当然，这还要归功于可爱的女儿。她会在姥姥批评我时，走过来轻轻拉着我的手说：

"妈妈你还有我呢，你要坚强不要哭，你哭就不漂亮了。"还会在姥姥批评我不做家务时，跟姥姥说："姥姥，妈妈工作很辛苦的，我们帮她做吧。"妈妈说最让她触动的，是我们每天晚上讲故事，道晚安，说我爱你。大概是天使一样的女儿温暖了妈妈的心，又或者是我多年的疗愈再次拉近了我和母亲的关系。随着相处时间的增多，妈妈也一改往日挑剔的模样，变得容易理解，人也更加温和了。

不可思议的是，在妈妈生日当天，她拿出十二分的耐心教我做菜，并细数火候和节点的重要性，在那一晚我做出了满满一桌子"妈妈的味道"。就是这样一件平凡的小事，真正拉近了我与妈妈的关系。在这个过程中，我不仅体会到了妈妈的爱和包容，还理解了多年来一直误解的这份情感。渐渐地，我还感受到了妈妈的理解和欣赏，明白了这种亲人间自然流动的爱，就是我一直以来找寻的安全感。

那天夜里，我做了这样一个长长的梦，我梦见：我们回到了老家，爸妈要修缮房屋。我走进去把遮挡自己闺房的珠帘拿下来，发现那是我珍藏多年的一串一串的珍宝，有翡翠、玉石，还有珍珠。然后拿去院子里清洗，珍珠神奇地褪去了一层薄薄的皮，露出的是五颜六色的七彩珠，妈妈本想要了戴的，看到这样神奇就还给我了。我有很多珠宝的事情，很快就传开了。

接着我回屋去看，拿去多余的摆设，房子焕然一新，有了一些清新的气息。而我的那些珍宝，以前好像放错了地方。

我和同学又划着船去逛一条古董街，这是北京的一条古街，有同学说起了哪里有好吃的、好玩的，但我不感兴趣，就跳下了船，沿着巷子走。后来在一条古董街上，我碰见了老师，老师再次提到了神奇珠宝的事情。

我跟老师说了一个梦中之梦，在梦里我是赛车手，因为执意要靠自己的力量赢得比赛，吃了不少苦头，我们比赛的项目是经过一个下坡，再凭借加速度的力量直冲到坡上去，并停留在最高处。谁的速度快、划出的弧线最美，谁便赢得比赛。在最后一刻我赢得了比赛。在跟老师说这个梦的时候，老师很欣慰地向我点头，并肯定地说，你的确是改变了很多。

接着我继续在这条古董街上逛，在靠近运河口岸的一家店铺里，我发现了一些魔法棒和魔法灯，它们有好看的造型，我想女儿一定会喜欢，就一样买了两个。

英国精神分析学家温尼科特认为，**若有一个高质量的母子关系，儿童的活力就会被接纳，并得以伸展。**儿童只有认识到他的活力会促进母子关系，才不会压抑自己的活力。这样他才能安稳地做自己，他的行为也才能自然地出自内心。这时候他才能深信自己的行为，是有益于这种关系的，并以更加人性化的方式呈现。

这个梦大概呈现了我与妈妈的关系状态和对自我的认知，而妈妈与我充满温情的互动，也让被阻断的能量重新流动。

完善性格，收获幸福人生

后来，我跟约翰提到了最近对自我的认知和改变。他也表示，在生命深处，非常渴望获得父母的关注和爱，当这种连接的能量再次启动时，约翰的生命活力也重新回来了。他不仅缓和了与父母的关系，还将企业规模扩大了一倍。

我们在开车之前会考驾照，在做医生之前也会考取职业资格证，唯独做父母的时候是不需要领证的。假如有性格缺陷的父母未曾进行内在整合，便会通过努力获取外部资源来弥补内心缺失。当父母双方全然忽略孩子的付出和对挫折的感受时，孩子获得的支持少得可怜，就可能导致强迫或抑郁倾向。

内在资源的匮乏会导致人们在每个当下不能做出正确的判断与选择，而且内在资源匮乏的人，面临小小的失败都可能产生极大的挫折感。在这种溃败的心理下，极易出现自我否定、自我怀疑、自我憎恨和自我攻击等。面对重要他人的离开和事业上的巨变，才导致约翰的强迫性闪回，然后停留在过去走不出来，形成急性应激障碍。

每个孩子在进入世界之初便希望得到无条件的接纳，并在受欢迎的状态下迈向成熟。假如你是父母，恰好也缺乏无条件爱孩子的能力，请你用坚定不移的信念和精神修持，改善自己的行为吧。当我们全身心投入到养育孩子的过程当中，当我们无条件地爱我们的孩子时，他才能在父母的祝福中不断完善，真正担负起自己的人生。

如果我们将挫败仅仅看成是孩子的脆弱，将会错过与孩子的共情机会，也将错过难得的疗愈机缘。

小结

急性应激障碍

心理创伤是指在日常生活中与精神状态相关的负性影响，一般由于躯体伤害或者精神事件引发，患者通常是亲身经历者，但也可能因为目睹相关事件而诱发。

事件的分类通常包括以自然灾害为主的危及生命的事件，比如，水灾、台风、地震等，或者以人祸为主的创伤事件，比如，空难、交通事故、战争等经历所带来的创伤。

大部分的受害者可以自己痊愈，恢复时间根据个人的情况不同而不同，但一般都可以在一年内痊愈，无法痊愈的则会遗留心理问题。这里面就包含急性应激障碍。

现将诊断标准摘录如下：

1.患者曾以以下的一种或者多种方式接触于实际的或被威胁的死亡、严重的创伤或者性暴力。

（1）直接经历创伤事件。

（2）目睹了发生在他人身上的创伤事件。

（3）获悉亲密的家庭成员或者朋友身上发生了创伤事件。值得注意的是，在实际的或被威胁死亡的案例中，创伤事件必须是暴力的或事故。

（4）反复经历或极端接触于创伤事件的令人作呕的细节中。例如，急救员收集人体遗骸，警察反复接触虐待儿童的细节。但需要注意的是这里并不包括通过电子媒体、电视、电影或图片的接触，除非这种接触与工作相关。

2.在属于侵入性、负性心境、分离、回避和唤起5个类别的任一类别中，有下列14个症状，在创伤事件发生后开始或加重。

侵入性症状

（1）创伤事件是反复的、非自愿的和侵入性的痛苦记忆。值得注意的是儿童可能通过反复玩与创伤事件有关的主题或某方面来内容表达。

（2）反复做内容和（或）情感与创伤事件相关的痛苦的梦。儿童的话就可能做可怕但不认识内容的梦。

（3）分离性反应（例如，闪回），个体的感觉或举动好像创伤事件反复出现（这种反应可能连续地出现，最极端的表现是对目前的环境完全丧失意识）。儿童的话，可能在游戏中重演特定的创伤。

（4）对象征或类似创伤事件某方面的内在或外在线索，产生强烈或长期的心理痛苦或显著的生理反应。

负性心境

（5）持续地不能体验到正性的情绪（例如，不能体验到快乐、满足或爱的感觉）。

分离症状

（6）个体的环境或自身的真实感的改变（例如，从旁观者的角度来观察自己，处于恍惚之中、时间过得非常慢）。

（7）不能想起创伤事件的某个重要方面（通常由于分离性遗

忘症，而不是由于诸如脑损伤、酒精、毒品等其他因素）。

回避症状

（8）尽量回避关于创伤事件或与其有关的痛苦记忆、思想与感觉。

（9）尽量回避能够唤起关于创伤事件或与其高度有关的痛苦记忆、思想或感觉的外部提示（人、地点、对话、活动、物体、情景）。

唤起症状

（10）睡眠障碍（例如，难以入睡，难以保持睡眠，休息不充分的睡眠）。

（11）激惹的行为和愤怒的爆发（在很少或没有挑衅的情况下），典型表现为对人或物体的言语或身体攻击。

（12）过度警觉。

（13）注意力有问题。

（14）过分的惊跳反应。

3.这种障碍的持续时间（诊断表彰活动B症状）为创伤后的3天至1个月。需要注意的是症状通常于创伤后立即出现，但符合障碍的诊断标准需持续至少3天至1个月。

4.这种障碍引起临床上明显的痛苦，或导致社交、职业或其他重要功能方面的损害。

5.这种障碍不能归因于某种物质（例如，药物或酒精）的生理效应或其他躯体疾病（例如，轻度创伤性脑损伤），且不能用"短暂性精神病性障碍"来更好地解释。

（源自：DSM—5）

18. 重塑家庭界限，既要亲密又要保持自己

前文我们讲了很多关于缺乏陪伴、关爱和关注的故事，今天我想讲的是一个因与母亲共生而无法分化自我的例子。美国著名家庭治疗大师萨提亚曾说："人是家庭塑造出来的。"为了维持家庭系统的平衡，孩子会通过牺牲自己，成为父母维持婚姻平衡的工具。

周扬今年34岁，在很多人看来他胆小羞怯，不善于沟通，是妈妈的掌中宝，并渐渐成了一个长在家里的人。周扬说他从小就非常关注妈妈的感受，只要妈妈不允许的事情，他都不会碰。有时候，妈妈心情不好，还会对他又打又骂。他原本以为只要自己顺着妈妈的心意，日子就会顺风顺水，然而多次相亲失败之后，他却困在一种因自慰而羞愧的情绪里，长达7年。这次恋情又以妈妈的阻挠而告终，他甚至萌生了自杀的念头。

周扬的妈妈拿着他的日记，慌慌张张地跑到我面前时，仍没有从这种惊骇中走出来。在我阅读的间隙，她不停地擦汗和原地打转，电话拿在手里，举起又放下，不知道要打给谁。

"你平时有打骂孩子的倾向吗？"

"是啊，不听话就会打，老话儿说得好，棍棒之下出孝子。"

我错愕地看着她，没再言语。

在中国家庭中，"听话"是最常见的词了。一旦孩子与父母的意见不一致，权威的父母就拿"爱"要挟孩子：你要听话，不然对得起我如此爱你吗？这时候的孩子只能牺牲自己的意志力，满足父母的要求。而"听话"的孩子成长的代价就是：失去独立思考的能力，变得十分依赖。

过高的要求也是如此，希望孩子按照自己的标准生活，一旦优秀成为一种强制性的要求，那父母就超越了界限。显然，这两种情况同时出现在周扬的家庭里，这大概也是导致周扬强迫和抑郁的根源。

萨提亚在《新家庭如何塑造人》一书中指出，**假如亲子之间界限缺失，父母不让孩子完成自我分化，也就剥夺了孩子成长的权利**。这个过程中，他们常常以爱的名义进行控制，替孩子去生活，做很多事来阻碍孩子的成长。

问题不在症状本身

初见周扬,是在一周后的上午。

他站在门口腼腆地给我打招呼,用眼神狐疑地打量着我。我注意到他有178cm的个头,整个人非常消瘦,两条裤腿随着穿堂风在门框里来回飘荡,仿佛在说:我主意已定,确信没有人可以帮我。

虽然他一副抗拒的样子,我还是决定尝试一下。

"能告诉我,你为什么来这儿吗?"我问。

"还不是因为我妈妈!她总是唠唠叨叨地催我去看医生,烦死了。"他很无奈地摊开手。

"那肯定让你心里不舒服,她都对你唠叨些什么呢?"这时候我看到他的眼里有了光。

看着他越来越放松的表情,我忽然灵光一闪,跟他说:"你妈妈命令我来治疗你,她以为自己是谁?凭什么差使我?"这样说,可以让我们处在同一条战线上。

他表示赞同,说自己的妈妈有时候的确很无理,他也决定不再理会那些无理的要求。

我继续问他:"从你这身考究的球衣来看,你应该很喜欢打篮球吧?"

"是的,教练说我的腰部肌肉很结实,踝关节也很强健。"

他看上去越来越自信。

"那你在球队里打什么位置，该不会是中锋吧？这对控制和协调方面可是有很高要求的哦。"

"所以每次打完篮球，我都感到非常有成就感。"他脸上有了自信的笑容。

抓住机会我问他是否还有其他的爱好。

"摄影和阅读。"

"你的摄影水平怎么样？"

"我可以捕捉到最好的构图和角度，去年夏天曾经连续一个月拍摄海边的日出，朋友说他能从我的作品中，听到太阳升起的弹跳声。"

"这可是很不容易做到的，我们不仅要保持全身心的喜爱，还要注意摒除杂念、等待时机，因为美好的事物值得我们耐心等待。"我继续肯定他。

窗外下起了雨，我转而将问题延伸到了水。"水有三种形态，在不同的外在条件作用下，水会在三种形态间转化。其实人也是这样子。"看他一副若有所思的神情，我决定继续说下去："当一个人处在羞愧、挣扎的状态时，就像凝固的水一样，找不到出路；但是当他处在流动的状态时，却是充满力量的。我们人体的能量也是可以相互转化的，当你把能量投注在喜爱的摄影上时，就很容易在这方面收获成就感。"

我顺手指了指墙上张贴的大卫·霍金斯关于能量指数研究的图示。他从沙发上站了起来，来到墙边。当他发现羞愧竟然是最低的能量层级时，他表示很惊讶。

最后，我们将话题延伸到了成就感的作用，比如喜悦、满足。"当你向大家展示自己的摄影作品的时候，那是无须证明就可以亲身体验的美。你置身于大自然的曼妙之中，见证了这份创造和神奇。它带给你的喜悦是他人无法体会的。我们可以用相机记录下这种美，也可以通过手中的笔将它描绘出来。无论他人认可与否，我们的内心一定是幸福喜悦的。但首先要放下评判，让七彩的光照进来。"

当一个人无法承受超负荷的情绪时，就会生出逃避和厌离的心态。然而，当一个人为这种情景下了定义时，问题就变得不同了，它就有了可承载的空间。这种解释就像为他的过去做了一个准确的概括，帮助他跳出思维陷阱，冲破阴影对自己的限制。这也就不难理解，为何问题被概念框定后，周扬感到释然了。

改变原有的生命形态才是成长

又过了一周，周扬一个人来了，他还带来了自己的摄影作品和配置的小品文。这次，我们讨论了关于成长的故事。

比如，一粒花种被扔在地里，当它开始发芽的时候，原来的生命状态就不存在了。嫩芽本身就是对种子的否定，因为种子已经不见了，它身心一致地成了嫩芽。嫩芽也会继续生长，直到长成一株花，这时候它又把嫩芽否定了。我们人也是一样，当我们一步一步否定了过去的状态，就是完成了阶段性成长。一定意义上，一个人对过去的否定有多彻底，赢来的空间也就有多大。当新的生命状态呈现时，出现恐慌是必然的。如果我们把它看作是一颗种子在萌芽，也许问题就没那么可怕了。

第五次面询时，周扬一脸灿烂的笑容。他说："现在看到路边一朵盛开的小花，我都会被它饱满的生命热情所打动。"

"是啊，有些人聪明又有智慧，总是很容易看透别人一辈子也无法看透的问题，所以他们的生命品质也是不一样的。"

他若有所思地点了点头。

一年后，他顺利地走入了婚姻。所有谈论过的控制、协调、转化、平衡和成长，到底对他产生了怎样的影响，我们无从得知。我们知道的是，尽管从没有谈论过那个敏感的话题，生命的热情却再一次启动了。

性格可以代际相传

事实上，**家庭关系最稳定的状态就是每个成员保持好自己的界限，既要与家庭成员保持亲密，又要保持自己。**

后来，我在整理档案时，翻到了周扬妈妈第一次来时留下的记录：

周扬，今年34岁，从小性格内向、敏感、懂事，凡事喜欢自己扛着，几乎不与妈妈沟通。朋友少、不善于交往，很难与他人建立良好的关系。

记得周扬跟我说过，他从没有真正走入过一段亲密关系，这不仅让他感到自卑，还时常有自残的想法。到后来愈演愈烈，演变成无休止的自我憎恨，甚至想一了百了。周扬从小成绩就不突出，小升初时勉强考入实验中学。由于母亲脾气暴躁，经常打骂他，面对繁重的学习压力，他时常会感到无能为力，甚至生出退学的念头。幸运的是，周扬遇到了班主任王老师。从初二下学期开始，王老师会定期找他谈话，并在学习上加以指导。渐渐地，周扬打消了退学的念头，希望通过努力学习回馈王老师的信任，并最终以550分的成绩考入了市重点高中。三年后，考入了一所二本院校。上大学后，也一直没有进入亲密关系。

7年前，随着就业压力的日益繁重和婚恋关系屡屡碰壁，周扬出现了频繁的手淫。这种羞愧像大山一样压着他，让他无法喘息，时间和精力都被这种自责的情绪覆盖了。他感到自己就像一根绷紧的琴弦，时刻处在挣扎当中，一不小心就要断掉了。

越是处在自我否定的状态，越是容易遭到周围人的排斥和拒绝。在来工作室之前，周扬几乎成了一座生命的孤岛，和周围的人没有任何交集。他拼命地阅读、摄影、跑步，试图通过这样的途径来缓解焦虑，但那些都不见效。

当一个人长期处在这样的状态中时，就会认为自己是一个没有未来的人，甚至会感觉自己生活在虚幻之中。这也就不难理解，他为何会写出那样明显带有自杀倾向的日记了。

如果我们一定要追溯一个缘由，还要从周扬的原生家庭说起。周扬的妈妈从小生活在单亲家庭中，外祖父性情暴躁，一言不合就拳脚相加，周扬的妈妈从小受尽了皮肉之苦。但她也继承了父亲爱打骂人的习惯，周扬说小时候听到妈妈走路的声音就吓得哆嗦，在妈妈面前更是大气不敢喘。

著名心理学家弗洛伊德曾提出过"共生"的概念，意指一两个或更多个体之间的一种强烈的依恋。比如母亲和儿子，他们之间的边界变得模糊，对外界做出反应时好像是一体的。这时候会让家庭成为一个失衡的情绪单位，家庭成员缺乏界限，不能彼此分离。我们没有权利归因父母的对错，但是可以确定的是，这种代际相传的性格创伤，对周扬的伤害是致命的。

小结

加强性教育刻不容缓

青春期性教育，一直是一个模棱两可的话题。那么，关于性我们应该在什么时候说，怎么说呢？记得在《名人面对面》节目中，许戈辉曾与郑渊洁老师深刻探讨过性教育的话题。

1. 性教育一定要直白地说

因为你不告诉他，同龄人也会告诉他，而同龄人的信息大都是比较片面甚至是错误的，不准确的信息可能会带来危害。

2. 对孩子进行性教育的时间不能超过3岁

国际权威组织的研究结果表明，开展性健康教育，可以达到推迟性行为年龄，减少青少年性病和意外妊娠的目的。在世界主要发达国家，性教育不仅起步较早、模式成熟，而且被公众广泛地接受和理解。

3岁的孩子正是发萌的时候，在他还没对性产生兴趣的时候告诉他，他就会认为这是和吃饭、喝水一样的事情。

3. 性教育不光包括生理的教育，还应该包括法制的教育

家长要告诉孩子：不管男孩还是女孩，如果你超过14岁，非法碰触了低年龄的孩子，就要去少管所坐牢。专家认为，性教育要在3岁时开始，12岁之前要向孩子解释什么是月经、遗精和受孕。

4. 遇到周扬这种情况，家长不应惊慌，要以引导为主

中国儿童性教育专家孙云晓老师说："通过自我抚弄或刺激性器官而产生性兴奋或性高潮的一种行为，男、女均有可能发生，以男性更多见。"据说在一次生理学会议上，学者们在讨论这个问题时，会议主席说："谁能说自己从无手淫？我年轻时就曾有过，在座的各位呢？"与会的学者几乎都举起手来。有人认为它是"危害健康的不良习惯"，有人认为是"不道德行为"或"犯罪行为"，显然这些看法受了"耗精伤髓""大伤元气"的传统观念的影响。

在现实生活中，也确有一些青少年因此而精神萎靡，学习成绩下降，甚至悔不欲生。其实，它的害处并不在于其本身，而在于带来的心理挫伤，之后的恐惧心理、犯罪感、自我谴责、悔恨心理才是一切危害的真正根源。

我国医学专家吴阶平教授对于如何对待手淫的这段话是很有启示的："不以好奇去开始，不以发生而烦恼，已成习惯要有克服的决心，克服以后就不再担心，这样便不会有任何不良后果。"

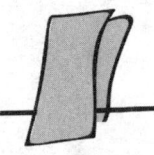

第六章

洞悉潜能,提升人际影响力

　　我们暂且以爱情与婚姻为例,如果我们深爱自己的伴侣,并希望使其生活得充足而惬意,我们会自然地将自己的潜力与才华发挥得淋漓尽致。假如我们不希望别人因为自己的进步而获益,其结果是我们只会变得飞扬跋扈,而且郁闷不乐。所以,生命的意义在于奉献与合作,在于对全体人类感兴趣。

——阿德勒

19. 从三大任务中洞悉潜能

奥地利个体心理学家阿德勒曾指出，任何人来到世界上都会受到三个条件的约束：人类是一个整体；作为整体中的一员，每个人都应该重视与他人的合作；个体与人类的延续完全依赖于两性的合作。

所以，不可避免的，这三个约束性现实又给我们提出了人生的三大问题：

1. 我们应该选择什么样的工作？（职业）

2. 我们应该为自己确立什么样的身份，并与他人展开合作？（人际关系）

3. 我们应该怎样处理两性关系？（婚姻）

在阿德勒看来，我们对生命意义的探讨均是围绕着三大任务展开的。比如，一个人的爱情与婚姻融洽而甜蜜，工作上很有成就，人际关系和谐，身边有很多朋友，那么他会对生活充满信心，即使遇到挫折，也会坚信可以克服，并从中洞悉宝贵的机遇。在我们看来，假如一个人的三大任务开展良好，那么他便拥有了良好的安全感、信任感和自我价值感，还能从广泛的社会实践中发现并践行自身"潜能"。

职业选择与潜能

现代心理学家一致认为，童年经历和日后从事的职业大有关系，同时原生家庭和学校教育对儿童未来的职业选择也具有重大影响。父母和老师作为孩子生命中的重要他人，怎么做才能更好地挖掘一个人的潜能，以使他在职业生涯中占有一席之地呢？假如你走入职场仍感到迷茫，怎么做才能充分地认识自己呢？

事实上，我也曾有过类似的疑问。比如，一个人的卓越职业会为他带来自信吗？怎么做才能成为某一领域的顶尖高手呢？想必你早就听说过马尔科姆·格拉德威尔提出的"一万小时理论"。假如你有意提高某一领域的技能，更合理的通关法则是采用正确的训练方式，充分了解这一领域内的所有信息，并身心一致地持续加以练习，直至熟练。这时候，如果你有幸受到这个领域内最卓越教练的指导，并拥有一个有助于提高能力的外部环境，那么你只需要持续不断地投入练习就可以了。

科学家们在考察花样滑冰运动员的训练时，发现在同样的练习时间内，普通运动员更倾向于练习自己早已掌握了的动作，而顶尖运动员则会更多地练习各种高难度的动作；再比如打高尔夫球，那些普通爱好者们是为了享受运动的快乐，而职业运动员们则是在各种不舒服的位置打那些高难度球位。他们无一例外都很清楚，练习的精髓就是要持续地做自己做不好的事。

值得一提的是，心理学家们用二三十年的时间，针对各行各业的研究总结得出了一套简单有效的练习方式，那就是"刻意练习"。这个概念由佛罗里达大学心理学家安德斯·埃里克森首次提出，他的训练要点是：

1. 只在"学习区"学习；

2. 把要训练的内容分成有针对性的小块，对每一个小块进行重复练习；

3. 在整个练习过程中，随时能获得有效的反馈；

4. 练习时注意力必须高度集中。

现在请你回想职业生涯中一件自己无法完成的工作，并尽量回顾事件的过程与细节，你可能很容易就发现，并不是那件事有多难，而是因为自己过早地放弃了在做不好的环节上持续练习。众所周知，职场对每个人都是公平的，大家都要在完成本职工作的过程中实现能力提升与价值创造。此时职业生涯就关乎向外的技术追求和向内的对大道的追寻，而我们要论述的这一套心法正与明代理学大师王阳明提出的"知行合一"不谋而合。

享誉全球的功夫巨星李小龙，可以说是卓越人生的典型。他不仅将中国功夫和民族气节传递了出去，还从中领悟到自身与职业的关系，让自己从一名武士发展为武学大师。他专注走在自己的职业道路上，学习咏春拳法、拍电影，到后来在香港自编、自导、自演，并让中华武学传遍了世界；苹果公司的创办人之一乔布斯，为了寻找人生的价值和意义，曾在大学期间去印度进行了一趟精神之旅，终于在禅宗中领悟到了人生的智慧，并与志同道合的人一起在IT行业打下一片天地，然后坚定地践行和努力。

稻盛和夫先生被喻为"当代松下幸之助"，他用51年的时间，缔造了两家世界500强企业，并从中悟到"敬天爱人"的经营哲学。退休时他把个人股份全部捐献给了员工，自己皈依佛门，转而去追求至高财富——提炼心法。在稻盛和夫看来，人生就是一场修炼，而工作是最好的修炼方式。假如我们能理解工作的意义，身心一致地把产品做到极致，就能拥有幸福的人生。

如你所见，他们无一例外都在自己的职业实践中领悟了人生大道，内化到三观之后，便开始身心一致地行动。正如马丁·路德·金所言："我们不必看到最终的目的地，只需要看到下一步就可以了。"假如你已经走在正确的职业道路上，唯有持续的行动，才能让目标越来越清晰，也唯有行动才能将我们带向内心的彼岸。而蕴含其中的考验和挑战，都是为了激发潜藏在内心深处的潜能。走过之后将会发现，假如我们在行动中实现了对自身弱点和缺陷的超越，完美的人格早已在不远处等候……

所以说，我们首先要从自身经历和环境中不断学习，并从中提炼自己的人生方向；当我们身心一致地践行时，目标也将会变得越来越明确。接下来我们要做的是在"学习区"不断地挑战自己，并完成"自动化"的过程。随着对能力要求的逐步提升，个人的弱点就会呈现，这个时候我们要做的就是激发自身潜能，不断超越自我，最终收获完美人格。

人际关系与潜能

美国当代心理治疗专家杰克·康菲尔德在《慧心自在》一书中，向我们讲述了一个故事：在一个特别躁动不安的下午，一位教师让学生们停止所有的功课。学生们在安静地休息，而她则在黑板上写着班上每个人的名字。然后她要他们抄下这个名单，并用剩下的时间在每个名字旁边写上他们喜欢或敬佩这个学生的一件事。下课时她把那些纸收集了起来。

几个星期后，这个教室再次停课，发给每个学生写有自己名字的纸，纸上有其他同学写的有关这个学生的26项好的品质。他们看到后感到愉快，没想到自己还有这么多优良品德被注意到了。

三年后，这位教师接到了一个学生家长的电话。这位母亲伤心地告诉她：她的学生罗伯特丧生于海湾战争。教师参加了葬礼。葬礼上，罗伯特的许多老朋友和高中同学都讲了话。葬礼要结束时，这位母亲走近教师，拿出一张皱巴巴的纸，这张纸显然被一再折叠过，她说："这是军方从罗伯特的口袋里找到的。"纸上写着他被同学们敬佩的 26 项品质。

见到这个，这位教师两眼湿润了。在她擦干泪水时，旁边的另一个学生打开手提包，拿出她自己的那张细心折叠的纸，坦诚地说她总是随身带着它；第三个同学说，他的那张纸放在相框里，挂在墙上；还有一个说，那张纸已成了她婚誓的一部分。显然，这个老师转达的善良感受已经转变了学生们的心，而早年建立的良好关系模式，可以影响一个人的一生。

我们每个人都能记得有人看见我们的善性和给予祝福的时刻。事实上，当我们对周围人表示欣赏，就是在开启通向他们内在本性的渠道，并从内心由衷地欣赏自己。正如汤玛斯·莫顿所言："圣人之所以为圣人，并非因为其圣洁使得他们让人敬仰，而是因为天赋神圣性使得他们能够敬仰每个人。"

美国心理治疗大师欧文·亚龙，60 岁时在梦里仍渴望得到自己母亲的认可，可见被重要他人接纳对一个生命来说是何其重要。家庭是社会关系的缩影，下面我们就来谈谈亲子关系在一个人生命节点上的重要影响。

父母子女一场，大家首先想到的往往是父母的付出，而忽视了在孩子成长过程中，他们给孩子带来的细小伤害。比如，幼年缺失的爱、缺少的陪伴、榜样的力量，带着匮乏到了成年，各种问题开始呈现，才猛然发现：那些欠下的"债"，是无论如何也偿还不清的。

娜娜是一个活泼好动的姑娘，总是一副玩世不恭的神情，高中时就曾因学业问题前来求助，后来听说她以高于录取分数线3分的成绩，顺利升学。

再见已是三年后，她正面临就业和婚恋两大难题，有些乱了阵脚。在短信中她告诉我：如今我进退失据，父母又逼得紧，简直到了崩溃的边缘。果不其然，初访那天，父亲神情慌乱、母亲两眼红肿，只有见了外人才勉强挤出一丝笑容。

那天，娜娜走入工作室，带着讨好的神情缓缓地说道："老师，我希望你能帮帮我，我只想逃出父母的牢笼。"她看上去懒懒的，衣服随意地搭在身上，齐耳的短发紧贴在脸颊，一副没睡醒的样子。

"你想逃到哪儿呢？"

"我想追寻心中的爱情，世界上最懂我的那个人在北京，那里有我们共同的梦想。"

"能具体说一下他都是如何懂你的吗？"

"他都顺着我，甚至提出会追随我去任何我想去的地方。"

据了解，对方工作稳定，薪资待遇丰厚，做出这种承诺，这听起来多少有些不靠谱。

然后我接着问："那你有没有想过万一他实现不了对你的承诺呢，你该怎么办？"

"不可能的，他对我从来都是百依百顺，可以肯定地说，从没有人对我这样好。他就像大哥哥一样，给了我从小匮乏的一切。"

"可否讲一下小时候你的成长环境是怎样的呢？"

"我爸妈工作一直很忙，经常见不着人，更别提陪伴了，大部分时间都是我自己玩。我觉得这个家就是他们的战场，每次听见他们摔摔打打，我就把房门紧锁着不敢出来。妈妈总是一副幽怨的模样，爸爸则越来越晚地出现在家里。从很小的时候起，我就能生活自理了。更多的时候我都是一个人回家，一个人吃饭，一个人写作业，一个人睡觉，我讨厌这种孤单无助的感觉，有了他，我就再也不会孤单了。"娜娜说。

"这么说他更像你幻想中的父母？这是你爱他的原因吗？"我说。

"不，他还是一个生活能手，善于打理生活中的一切。他说离开我他就活不下去了，这难道不是真爱吗？"她赶紧辩解。

听上去这更像是一个襁褓中的婴儿在发出强烈的渴求——需要被看见、被呵护、被重视，渴望在另一个人眼里看到自己的价值和意义。如果一个孩子能够从父母那里轻而易举就获得爱，她是否还会如此执迷于眼下的爱情呢?

莎士比亚说:"摇动摇篮的手,是推动世界的手。"可见父母对孩子的一生有着何其重大的影响,而紧缩的人际关系往往会导致个人潜能的被动压抑。

亲密关系与潜能

法国心理治疗大师克里斯托夫·安德烈曾说过这样一句令我印象深刻的话:"我的一位病人她聪明貌美,就像人们说的那样,拥有一切获得幸福的先决条件,她看上去什么都不缺,然而却缺少一件东西,那就是一点点自尊。"可见个体的先天资本再齐全,如果不在自尊上下点功夫,潜能可能会无限期沉睡下去。

这也就不难理解,为何那些看上去自身条件优越的人,无法拥有幸福的爱情与婚姻。阿德勒将爱情和婚姻看作彼此间最亲密的奉献,具体表现在心心相印、身体的吸引以及生儿育女的共同愿望中,而这些愿望的达成需要双方的亲密合作。所以,既然亲密关系是一份彼此合作的关系,就会清楚地照见一个人的世界观、人生观和价值观,而且还将映照出彼此间爱的能力、付出的能力以及支持他人的能力等。

后来,经过深入地咨询我们了解到,娜娜既渴望爱情,又恐惧爱情,恐惧的原因是害怕失去,这也就带来了爱的扭曲。当她打着自由的大旗抗拒父母，发誓要捍卫自己的权利时，殊不知这样固执强硬的背后隐藏的是一个嗷嗷待哺的婴儿。一次次的对抗不过是在寻求父母的观注，她弱小到需要一个依靠，哪怕这个人一无所有，只要能给她关怀与温暖！

然而，可悲的是，不明真相的父母从未找到问题的根源。他们看到的只是女儿的叛逆、愤怒与不孝。假如父母选择让步，认可了女儿选定的男人，却不明白其中的缘由，就会白白丧失一次可以让家庭关系逆转的机会，那么父母最后无奈的承担是否真的能成就圆满呢？当然还有一些孩子会选择继续顺从，按照父母的意愿，通过相亲过起门当户对的生活。或许故事一开始也会风平浪静，双方互相拿捏着经营根基不牢的情感生活，然而当最后的围墙被攻破，嗷嗷待哺的婴儿重又寻求被爱、被重视、被关怀时，新一轮的纠缠也就此开始了。

这样看来，婚姻无论怎么选好像都是错的。其实根本原因在于父母曾经给予的方式是错误的。试想年幼时被忽视、被否定、被指责、被攻击惯了的人，他们会习惯怎样的亲密关系呢？毫无疑问——寻找熟悉感。假如父母看不到自己的过失，在错误的路途上变本加厉地指责，那么呈现的将是大家最不愿看到的结果——关系继续恶化。假如父母愿意为过去承担，选择信任孩子，但是无力帮助孩子看清身处的现实，还是会在错误的轨道上打转，使得父母前期欠下的债务，再无偿还的可能。事实上，当个体没有形成完整的自我前，把生活的主动权交由他人接管，希望以此找到通往幸福的捷径，反而会走上更加曲折的道路。

丹丹自幼就是出类拔萃的孩子，她努力上进，品学兼优。但是由于父亲常年离家，每次开家长会、运动会时她都会感觉到若隐若现的自卑。最后尽管成绩优异，她却不敢报考心仪的学校。幸运的是大学期间丹丹遇到了现在的老公。在两人的相处过程中，他不仅呵护丹丹受伤的"内在小孩"，还在重要的节点上给予丹丹有力的支持，丹丹在这种被滋养的关系中，变得越来越有力量感，人也愈加通透。因为彼此契合的缘故，几年下来，她蓦然发现曾经匮乏的部分竟神奇地自愈了。

那么，一个人如果没有搞清楚自己是谁、自己的精神渴求是什么，他是否适合走入婚姻呢？放眼身边的人，有些人从一开始就知道自己是谁、想要什么以及对婚姻的期待是什么，他们大多拥有幸福的童年（尽管不幸福，也已成功疗愈）、关注个人成长，然后找到的伴侣也具有相同的特质，他们不仅在生活上是最佳拍档，在精神领域也不谋而合。如果你有幸遇到这样的伴侣，想不幸福恐怕都很难吧？至于父母曾欠下的那笔债，也就无须你来接管了。

小结

大树模式

1. 首先请你深呼吸一次，闭上眼睛。请你想象你的不远处是一片树林，你是一颗橡树的种子，现在正缓缓地落向湖边的空地上，静静地等待生根发芽的时机。

2. 渐渐地，种子生出了嫩芽，它抖动着身体，像刚出生的婴儿一样，睁开了惺忪的睡眼。

3. 在春风的吹拂下，小嫩芽慢慢长高了，大概长出了一丈高，它随风摇曳着，在雨水的浇灌下跳跃。

4. 小树又长高了，它与河边那棵巨大的合欢树重叠在一起。紧接着，你在幽暗的地底下，看见了它幼小的根系，它努力地向下伸展着，穿过泥土、绕过岩石、扎根于泥泞的土壤之中。

5. 当你感觉到安全时，请你深呼吸一次，睁开眼睛。

20. 网络成瘾，源于爱的匮乏

尽管我一再克制，依然抑制不住内心的失落，这是看完纪录片《镜子》后的真实感受。

一个花季少年深陷痛苦的深渊无处诉说，只能通过网络游戏、肤浅的恋爱关系来宣泄情绪，这本身就令人揪心。如果重要他人对他的痛苦毫无觉察，仍坚信这是孩子的错，只把自己当成无辜的看客，相信这时候子女哭喊着痛不欲生是最真实的内心体验。

庆幸的是开始有人将"问题少年"看作一个独特的群体，并关心他们的苦楚，关注他们的家庭和社会环境。不管效果如何，至少为问题家庭提供了解决的可能性。

事实上，如果一个人生存的土壤坏了，无论他做出多大努力，哪怕是寻死觅活都于事无补，因为环境依然还在。所以，在一个家庭中真正应该接受治疗的人是谁呢？是孩子，还是父母呢？

教育世家的失败教育

小源，20岁，是一所二本院校的在校生。在见他之前，早就听说他网瘾很重，经常通宵达旦地玩，学业几乎荒废了。小源的父母是学校的优秀教师，他的叔叔和婶婶也是教师，可以说他出生在一个教育世家。可他的父母却在电话里跟我说，小源怕是废了！

初见小源那天，小源是由叔叔和婶婶带来的，看得出父母对他几乎不再抱有期望。一方面他们觉得丢不起人，另一方面在父母的潜意识里，孩子甚至不如自己的面子重要。或许他们不知道：正是这种无意识的伤害，才造就了一个绝望的孩子。

说实话，第一眼看见小源，心头袭来凉飕飕的感觉。他跟在叔叔身后，像幽灵一样飘进来。蜡白的面孔上嵌着空洞的双眼，整个人毫无生气。

就像元神被抽离了一样，他毫无生气地瘫在沙发椅里，四肢有气无力地下垂着，仿佛周围的一切都与他无关。也许他的意识还沉浸在游戏中，也许他根本就不打算从睡梦中醒来，我与他对视了一会儿问道："小源，吃早餐了吗？"接着倒了一杯水给他。

他轻轻地摇摇头，仿佛连动动嘴唇的力气都没有。

"昨天几点睡的？"我微笑着看向他。

他还是不说话。

"叔叔带你来的路上，都有哪些感受？"看得出他的防卫意识很强，我在寻找突破口。

"冷。"这个字就像从他牙缝里挤出来的一般，我欣慰地舒了一口气。

"在没有休息好又感到饥饿的时候，会对冷比较敏感。你喝点热水，可能会感觉好一点。"他看了一眼茶杯，轻轻抿了一下嘴唇，没有动，不过干裂的嘴唇已经稍稍有了一点血色。

"当我们感到冷时，会选择穿厚一点或者选择待在温暖的房间里。那么，小源，你感到无助的时候，会选择做什么呢？"

"玩游戏。"他抬起眼皮看了我一眼，即刻又垂下。进展不错，说的话越来越多，我在心里暗自为他打气。

"为什么你会感到无助或恐惧呢？"

"上大学以来，因为很多课程跟不上，我很自卑，同学们也都看不起我。"他稍稍有了一些情绪。

"游戏会给你带来什么？"我问。

"带来成就感。"小源说。

"如果其他的事情也可以让你感觉轻松、快乐，那你是否愿意尝试呢？"我接着问。

"当然愿意。"他看着我说。

"你能想象出一些这样的事情吗？让你能够感觉到很快乐、很放松的？"我说。

"旅游、同学聚会、有足够的钱可以买自己想要的东西。"他脸上有一丝笑容。

"非常好。其实你上网玩游戏追求的是游戏过程中的快乐和轻松。如果我们可以找到其他的方式,那么我相信你也不一定要通过玩游戏来满足了,对吗?"气氛变得越来越放松。

"是的。"小源点点头。

"目前你对自己都有哪些期待呢?"我看着他问。

"我想找个好一点的工作,争取实现经济独立。"听到这里我开始心疼小源。他的父母会了解他的渴望、明白他的苦衷吗?

曾奇峰老师在《游戏的境界》一书中写道:从某种意义上说,电子游戏拯救了中国这一代青少年!也许你会认为说得太夸张,不过你可以去思考!小孩子玩游戏的态度是极其严肃认真的。对他们来说,游戏本身就有着终极意义,他们在游戏中投入了自己全部的智力、精力和爱恨情仇。对成人来说,游戏就只不过是游戏而已,而成人这样的变化,实际上是一种退化。

许多家长谈游戏色变,认为游戏像洪水猛兽一样会蚕食孩子的身心。通常做出这样判断的家长,大概已经忘了自己曾经也是个孩子,更没有静下心来了解自己的孩子需要什么,就主观臆断了孩子的未来。这显然是不负责的。

比伤害更可怕的是否认它的存在

假如我们的钱包被盗了，小偷被抓到后却死活不承认，这时你恨不得把他送进警察局里去，或者干脆把他暴打一顿。因为他伤害了你，却否认伤害的存在。事实上，对孩子来说也是如此，**比伤害更可怕的，是经历了伤害却被否认，或者把"伤害"合理化。**

当父母认为自己的做法是对的，孩子面对长期扭曲的现实和否认伤害的情况下，就可能出现自我认知偏差。比如，认为自己不够好、是没有价值的、是没有希望的、存在是没有意义的，进而进行自我伤害。

事实上，游戏起初只是扮演了孩子避难所的角色。它包容他的情绪，实现他的目的，成全他的愿望，久而久之也就使他形成了依赖。然而，游戏还有一个作用，就是映见父母的伤害，比如，父母觉得孩子不够好，却又不承认伤害事实的发生。而游戏帮助孩子确认这一点，游戏一方面在拯救孩子的绝望，另一方面也在可忍受的范围内加深他的痛苦。对于小源来说，游戏作为一个载体，已经超越了他的承受范围，是必须要戒除的。

导入模式后，我们发现：承认父母否定、伤害他的事实，并不代表否认了过去对他的爱和认可。当他试着抱持自己的感受给坏情绪一个出口时，他也就同理了自己。当自我走向整合时，小源也就对世界有了更加客观的认识。

我只想让你看见我本身

写到这里,我不得不难过地告诉你:很多父母将子女当成自己的所有物,而不是一个独立的个体。当我们把子女当成所有物,就会带着很强的目的性,将自己无法实现的期待投射到儿女身上。下面是小源的一段自述:

我就像是爸爸妈妈养的宠物,他们只负责让我吃饱穿暖。从我记事时候起,他们就没考虑过我的感受、我的喜好、我对未来的期待。

妈妈除了批评我,好像说不出任何关心我的话。有一次,我开心地跟她说自己在模型大赛中又拿了一等奖,她只是敷衍着点头,眼睛却看着别处,好像并没有发生任何事,好像我是透明的。

爸爸更糟,他每天早出晚归,很少会发现我。当他每次从我身边匆匆走过时,我都怀疑自己是不是空气!除了成绩,我和爸爸没有对话的可能,可是我的成绩越来越糟,跟他的距离也就越来越远,在他眼里我更像是家庭的累赘。

在我的世界里好像看不到爱的影子,如果有那就是他们非常关心我的学习。我希望把学习当成我自己,可是这样做我就更加讨厌学习,我觉得自己快要死了。直到我爱上了游戏,才找到了一点生存的空间,至少他们开始关注我了,尽管有时候是打骂。

看到这里你会不会认为,也许打骂不是最可怕的,更可怕的是不被自己爱的人看见呀！你会觉得不可思议吗？其实这个世界上不乏这样的父母。他们终其一生都没法对子女表达自己内心的感受和体验，他们关心的只是子女能够给自己带来什么。在他们看来，子女并不是一个拥有自主权的个体，也不是一个完整的人，而是父母生命的延伸。

当一个人的完整性被消除后，就会被贴上很多标签，比如，懂事、乖巧、聪明、勤快等。有了这些标签后，这个人的自我也就被瓦解了，最终他就变成了一个可以轻易被占领、攻陷和操控的"人"。

"我很恨自己，你知道吗？有时候我都觉得自己不配活着，可是一想到会给家人带来不必要的麻烦，就放弃了这种轻生的念头。毕竟，我不可能带走所有与我相关的东西啊。在学习上，我努力了，可是怎么也学不好。这次我是真的放弃了，就像爸爸说的，我就是笨，做什么都做不好。"小源说。

我相信，这是小源发自内心的呐喊。当父母选择性地吸收子女的特质，看不见个体本身，连爱都无从谈起，这是不是很可悲呢？可是这对很多人来说是不得不面对的现实。基于此，我们为小源量身定制了心理模式。

小源说他在一次世界网络游戏大赛中，力压对手，大战了6个小时之后，顺利拿到了第一名，还受到参加此次大赛实力派选手的热捧，一时间成了网络红人。小源说他体会到了从未有过的成就感和满足感，内心的忧郁和自卑也渐渐消失了。

自那以后，他经常到网上找人挑战，并且战无不胜，慢慢他就成了网络上独孤求败的游戏大神。不久后，他就感到厌烦了，他说整天打打杀杀也没什么意思，想从生活中寻找新的挑战。比如，他要着手寻找实习单位，认真学习生活技能，挑战工作上的各种不可能。果然，在第四次面询时，找到了存在感的小源渐渐喜欢上了在工作中寻找成就感。他还制订了详细的学习计划，并表示在工作日不会再玩网游了。

无论"环境"如何，你都是有选择的

尽管我们一再强调原生家庭的重要性，但并不代表童年经历糟糕的人，就一定会出现问题，毕竟我们还有自我意志。当人格作为人的根本被呈现时，也就具有了独立性、主动性和创造性。同时，随着年龄的增长、时代的进步，我们还会享有社会赋予的各项权利。

事实上，从生命诞生的那一刻起，我们就对自己的生命享有完完全全的归属权，父母作为养育者，对子女并不享受所有权。

橡果理论也揭示了每个人都是带着自己的先天禀赋诞生的，在这里我们姑且将其称之为灵魂。即使面对同一情景，根据先天特质的不同，每个人都会做出不同形式的反应。所以说，即便是同时遇到冷漠、疏离的父母，可能培养出来的子女也是千差万别的。比如，有的孩子叛逆，会反其道而行之；有的孩子会看到问题所在，选择跳出轮回。

当一个人意识到生命本身并非一张白纸，意识到自己有内在智慧和真实本性时，他就可以做回自己，为自己负责了。当他发现自己独特的生命特质和使命时，也就看到了自己本身，那么所谓的症状、问题，也就不攻自破了。毫无疑问，看见自己本身，也就开启了最大的生命潜能。

网瘾形成的心理机理

研究显示，0—3岁的孩子的安全感，由母亲心跳的频率决定；4—7岁的孩子的安全感则来自父亲。通常安全感不足，也就是早年受到情感创伤的孩子，长大后可能更加容易形成网瘾；另外夫妻关系破裂、经常吵架、父亲长时间不在家、过早让孩子寄宿、脱离家庭，都有可能导致孩子安全感不足。

缺乏安全感的人，因为在家庭中无法体会独一无二的感觉，没有得到父母的肯定和关注，缺少应有的爱护和鼓励，所以在进入青春期后，他们会通过游戏来弥补现实中情感体验的不足。这更像是一种弥补性反应。如果父母在孩子的生命早期能够意识到这一点，并实时调整育儿策略，或许可以做到有的放矢。

还有一些人的"网瘾"是在成年以后呈现的。这其中大都有更为隐秘的需要，比如，为了缓和父母日益激烈的矛盾，他们会通过熬夜上网、无节制地购买游戏设备等行为，来吸引、转移父母的注意力，并希望以此来化解矛盾（然而这大都是徒劳的）；也有人会通过网游来缓解人际交往中的焦虑感和压迫感；当然更不乏像小源一样，无论多大年龄都渴望被父母看见的人。

专家指出，有 50% 的网瘾人群，会伴有不同程度的焦虑、抑郁、强迫和冷漠等症状。他们大多注意力不集中、自私，严重的还会有思维障碍。所以我们的治疗原则应该是先破除抑郁，而后治疗网瘾。这其中最好的解决办法就是潜意识对话。

小结

如何戒除网瘾

1. 请你进行一次深呼吸,闭上眼睛。想象一个坚定的信念,并让自己置身其中,看见所有的画面,听见所有的声音,感受到所有的感受。

2. 想象你非常喜欢,且能合理控制时间的事物,并在眼前呈现画面。

3. 想象在未来的某一天,你有了想上网的冲动。请你将这个画面定格,并将图像拉远,将它拉回到你能合理控制时间的事物的次感元上。你会发现自己可以很好地控制节奏,从此以后,再也不会为网络游戏上瘾。

4. 现在请你将这个图像拉远,再让它迅速回到坚定信念的次感元上。

5. 请你将以上步骤重复7次,然后进行一次深呼吸,睁开眼睛。

21. 摆脱不安和恐惧，重新掌控生活

安全感，一个我们时常听到的词汇，是人们的一种正常的心理需求，最早见于弗洛伊德关于精神分析的理论研究。在弗洛伊德看来，当个体遭受到的刺激超过了其本身能够控制的范畴时，就会产生危险感和创伤感，外在体验表现为焦虑、不安等状态。在此理论基础上，之后的精神分析学家认为，因为无法解决现实冲突，便会产生焦虑的情绪，进而退行到幼年时期的某种行为中，期望从中得到平衡和安慰。也就是说，冲突、焦虑、不安、防御等都是因为一个人幼年以及成年阶段的某一种欲望的控制和满足方面缺乏安全感造成的。

难以捉摸的安全感

世界上最难以捉摸的,莫过于人的感觉了。有时候你明明认为应该快乐,可内心偏偏升起了忧伤;有时候你觉得应该恐惧,然而内心却平静如水,没有一丝波澜。这种超乎我们意识和理智判断的感觉,几乎时时刻刻都会发生,而我将这种发生看作是安全感作祟。

2016年的最后一天,整个华北几乎全笼罩在阴霾之中,远远望去,房屋和大地都变成了无趣的灰白色,这种感觉让我想到阮阮——一个29岁的外企行政人员。阮阮已婚,目前育有一个孩子,尽管工作突出,可是睡眠障碍却困扰了她多年。每次出差或者要接待重要客户的前几天,这种情况就会更加严重。这让她感觉很痛苦,并且已经严重影响了她的工作和生活。阮阮个子很高,说话声音又轻又细,身子微微弓着,走起路来像梦游似的。在我看到她的第一眼,就被她那虚弱的自我震惊了。

"请你回忆一下,你是从什么时候开始失眠的?"我问。

"2009年的时候,那是我第一次去外地出差,结果那天晚上却酒后失态,说了很多不该说的话,也发生了不该发生的事情。事后我非常内疚,再加上当时身边没有一个熟识的人,我心里不安极了。从那以后,我每次外出几乎都会整夜整夜地失眠。"阮阮说。

"是不是所有出差或者旅游的时候，都会睡不好呢？"我接着问。

"偶尔也会睡得好，比如和要好的姐妹在一起就会比较放松。如果同房间的人不太熟悉，就容易失眠。"她挠挠头接着说。

"除了你自己，还有谁知道你睡眠不好？"我问。

"几乎所有的人都知道，我的家人、朋友、同事……"阮阮有点不好意思地说。

"他们是怎么知道的呢？"我看着她问道。

"是我告诉他们的。"阮阮说完打了个哈欠，一副没睡醒的神情。

初访时我们了解到，阮阮出生时难产，由此落下了肺部的毛病，所以从小就活在父母的过度"关注"中，致使她平时有一点点不舒服都要向所有的家人和朋友"汇报"，也容易把小事渲染成大事。之所以是在出差时留下症状，是因为不熟悉的环境再次触发了阮阮内心的不安全感。而"失眠"在此时就成了获得家人关注的一种方式，因为在阮阮看来，安全感是家人给的，仅凭自己无法获得内心的安全感。

客体关系心理学指出，在孩子0—6岁的成长期间，家长投射出怎样的关系模型，将会决定孩子未来的身份、价值和能力，以及他对世界最初的认识。

如果说早期的生活环境是一个人构建安全感的基础，那么在家人的诚惶诚恐中,阮阮是没有时间和精力来构建安全感的。之所以在第一次出差时产生困扰,是因为她对新的生活环境感到陌生,而这种陌生感又勾起了她内心强烈的不安全感。这也就不难理解为何在出差途中,她会留下失眠的症状,而因酒后说错话产生的内疚,仅仅是事物的表象罢了。

显然,外在环境改变引起的不安全感,已经超越了阮阮所能承受的极限,这不仅引起了她的精神紧张,还带来了大量的内耗,并导致了一系列内在机制的改变。为了躲避可能出现的风险或逃避内心的无力感,这套不合时宜的内在机制便启动了。

安全感是如何建立的

现代催眠之父米尔顿·艾瑞克森认为,人格在一生中是不断发展的,在出生后的第一年,新生儿完全处在周围人的慈爱中。婴儿是否得到了充满爱的照料、他们的需要是否得到了满足、他们的啼哭是否得到了注意,这都是人格发展中的第一个转折点。需要得到了满足的儿童,会产生基本的信任感,他们认为世界是美好的,人们是充满爱意的,是可以接近的。然而,那些内心不安全的人,在一生中对他人都会是疏远和退缩的,不相信自己,也不相信他人,显然阮阮就属于此类。

安全感不足,通常与早期经历有关。如果婴儿在出生时出现难产，最初的不安全感便开始了，如果这时候他的需求仍不能被满足，那么他的原始自恋就可能被破坏得非常严重，也就是说他失去了对自己的信任，以至于也对他人和周遭的世界失去了稳定感、可控感和信任感。另一种情况则是成年后经历人生中重大的挫折和创伤，以致安全感碎裂。

阮阮因为父母的过度保护，剥夺了她基本的生命体验，对外界的恐惧也就随之而来了。阮阮说，从记事起她就生活在不安和恐惧中，从没有体验过有所依托的踏实感，一到陌生环境就会没来由地害怕。7岁那年，她曾经做过一个梦，梦见自己掉入一个巨大的深渊，四周一片漆黑……这黑暗仿佛深不见底，她在这样无限地坠落中惊醒了，从那以后再也不敢睡那张床。

当一个孩子十分无助又感觉父母指望不上的时候，另一个保护型的人格也就诞生了，作为一种保护型人格，他秉承的理念是"别人都指望不上，我必须随时准备好保护自己"。当进入新的情景，他的这种不安就会再次浮出水面，随之而来的是各种莫名的担忧。

当孩子不能获得踏实感时，那世界也就变得不可信赖了，久而久之他就会逐渐收敛表达自我、展现进取性和攻击性的特质，生命形态也就从锐意进取变成了被动妥协。这些都会给个体带来巨大的不安全感，他会认为世界是不安全的，只有压抑自己才会被接受，并最终作为一种症状固化下来。

怎样才能找回安全感

那些不可言说的不安和恐惧，是否也曾笼罩着你的生活呢？你是否想重拾那份对生活的掌控感，想要在人际交往中展现自信之美呢？

首先，我们要明确的是世界是瞬息万变的，我们每时每刻都生活在无常之中。假如无常让你感到不安，只有勇敢地面对它，才有可能在症状中看到契机，进而获取疗愈的资源。

事实上，正是因为无常的存在，我们才有机会跳出过往经验的限制，看清自己的局限性。也许你会说，可是我没有办法做到呀，我这么弱，什么都做不了，离开了固有的模式，就没有办法生活下去了。可是你要相信自己不可能一直软弱下去的，当你不再是一个嗷嗷待哺的婴儿时，也就向我们呈现了更多的可能性。你会发现在自己的世界里，你是无所不能的。假如你一直活在固有的模式里，你是没有办法看到真正的自己的。

也正是因为无常，那个特定的创伤情景早已随时间更迭，所以只要你耐心觉察就会发现，解决的资源正蕴含在问题之中。假如你曾经没有被养育者看见，并不代表在新的关系中还是如此；假如你曾经不被允许释放攻击性，为什么这么多年过去了，你还要继续生活在"不被允许"之中呢？你要知道你是有选择的！

其次，你要相信自己是有学习能力的。正如你可以在后天习得不安一样，你也可以通过学习培养安全感。同样的，我们可以接受他人灌输的信念，限制自己的行动；那么我们也可以通过更换一些积极正向的信念，做出一些改变。假如你将这种改变看作是一种有益的学习，问题就会在你学习的过程中迎刃而解了。

当你透过学习逐渐建立起一种自信后，也就越有信心重拾内心的安全感。正如你曾体验的那样，当你开始信任他人，就会感到友善；当你开始信任环境，就能体验到一种放松。所以安全感需要从自己的内心去找寻，同时还要兼顾关系和环境在其中发挥的作用。

面对生活的考验，很多人会说：听过很多道理，依然过不好这一生。现在想来，能说这种话的无非两类人：一类是未曾生活过的小白，为赋新词强说愁；另一类则是有故事的过来人，作为过来人他们会感慨自己当时的无明，也会反思道理的指导意义。可是无论哪一种，都不具备绝对的指导性，生活就是体验，就是经历，就是永不止息的无常。

无论我们曾多少次畅想未来，生活还是以其应有的方式向我们展开，终有一天我们会明白，尽管无数次幻想与它相遇时的情景，往往到来时都是顺应时势的不期而遇。当挣扎、纠缠以及人格缺陷给关系带来破坏后，才明白所有能搅扰到我们的人和事，都是必经的旅程。我们需要的不是对抗，而是静下来，怀着好奇去探索、发现、成长和超越。

小结

如何快速克服恐惧

恐惧是各种神经症的重要来源,临床医学将恐惧分为害怕和焦虑两大类。害怕性恐惧是当你看到某物时,你立马会通身紧张不安。焦虑性恐惧则是当人们沉浸在自己的想法中时,创造出可怕的图像,是较为缓慢的、逐步形成的恐惧症。

1. 找出一个你特有的恐惧意象,并仔细回想你是在什么情境下经历了这些过程。

2. 想象你在一台电脑上观看一部纪录片,屏幕上播放的正是自己经历恐惧的过程。

3. 想象你自己漂浮在画面上空,看到自己正在观看屏幕上的恐惧经历。

4. 将纪录片播放到最后,你看到自己成功地从恐惧里走了出来,并看到元神归位,回到自己的身体里。

5. 在纪录片的最后,你回到自己的身体里,然后把纪录片由后至前又看了一遍。你在退步走,反着说话,同时听着滑稽的马戏团音乐,直到回放到纪录片开头,你切入到这个经验里。回想自己的恐惧意象,然后觉察自己的感觉有何不同。

6. 重复以上练习1—5次。

7. 留意当你做这个练习时内在感觉的变化,并觉察当再想到这个恐惧意象时,自己是如何感觉不到恐惧的。

22. 疗愈自己的无爱感

美国临床心理学家约翰·威尔伍德在《完美的爱，不完美的关系》一书中，深刻地论述了无爱感：它因曲解爱与被爱而来。如果我们不知道自己天生就被爱着，也值得被爱，就不能尽情付出爱、接受爱，这是产生人际冲突以及常见的大小纠葛之致命根源。

当我们害怕被拒绝，隐匿怀恨的情绪，因防卫而退缩，容易受伤，容易被冒犯，怪别人造成我们的痛苦——都是因为我们怕没人爱或不值得爱而自然呈现的几种面目。与此同时，我们便以爱之名，试图控制他人的人生。

易被曲解的无爱感

偶然的机会，杨氏夫妇在个案预约时因情况复杂而发展为家庭治疗。也正是一家人坦诚的态度，更加清晰地呈现出家庭中爱的隐秘流转。据了解，杨氏夫妇曾有过四年浪漫的恋爱史，两人曾共同经历过人生的低谷和高峰，感情基础深厚。

然而，随着女儿渐渐长大，早年的爱却逐步发展为对彼此的伤害，并且有愈演愈烈的趋势。尽管目前夫妻二人事业有成，但亲密关系却更多地表现为指责、冲突、抵抗和逃离。半年前，丈夫无法忍受纠缠的夫妻关系，多次逃离家庭。随后，妻子开始服用抗抑郁药物。

如今，孩子面对升学和家庭关系的双重压力，在看到妈妈一夜一夜失眠之后，曾多次劝慰她提出离婚。随着妈妈症状的加重，孩子也出现了能量匮乏和每逢大考就失眠的情况。

深入了解，我们发现杨氏夫妻的互动通常表现为不停地斗嘴和怄气，好像妻子老找理由来吵架：你为什么不多爱我一点，多关注我一些？你为什么只想着工作，不能为家庭承担更多？

当孩子生病需要请医生、当父母身体欠佳需要照顾、当家庭遇到困难需要对外寻求支援，妻子付出劳动的同时，会期望得到丈夫的肯定，然而令人失望的是那大多是一厢情愿的徒劳。

在妻子看来，得不到对方认可只是又一次显示不管自己多努力，永远都无法赢得他的爱。而在老公眼里，这种反应再一次印证了妻子在以事实要挟他，想要牢牢地控制他。看上去这更像是一种博弈，妻子总在抓，丈夫总在逃，多年争执下来，两人都已身心俱疲。

事实上，在各种芝麻绿豆的小事之下，潜藏着多年来未获关怀、不被感激的痛苦，丈夫无法体会，妻子无法释怀，双方只能在潜意识的运作之下，一再照本演出。

爱为什么会受阻

据了解，在寻找帮助之前，妻子刚刚做完子宫全切手术，多年来的积怨加上抑郁症的困扰，让她几近崩溃。丈夫在这种情况下再次离家多日，表示只想寻求一份内心的宁静，看上去家庭已陷入难解的僵局。

咨询师："你觉得祥林嫂的可怜表现在哪些方面？"

妻子："把自己的痛苦反复说给身边人听，以博得同情。"

咨询师："对许多人来说，对爱情下注，既叫人心惊肉跳，又可能会带来痛苦。当激情退去，会让许多人感到幻灭。"

妻子："如果爱是伟大的，为什么经营一份感情会那么难？我的心就因为打得太开了，所以才会一再受伤。"

咨询师："通常爱会伴随着充满缺陷、复杂的人际关系，这时候我们会体会到巨大的挫折感、悲伤与愤怒。经常在敞开、关怀与冲突、误解中来回穿梭。毕竟让一个人爱上另一个人，是最艰巨的任务。"

妻子："在这段婚姻关系中，我只体会到了孤独和匮乏。"

咨询师："当一个人内心有根深蒂固的无力感时，就会难以信任自己、信任他人。在婚姻关系中也是如此，同一个问题重复的次数多了，就会导致大家都看不到其中的感受。"

妻子："可是我希望老公能多理解和体谅我一些。"

咨询师："当关系出现问题时，每个人都会按照自己的价值取向做出判断，因为童年经历和境遇不同，没有哪两个人会对同一事物做出完全相同的反应，即使夫妻也不行。假如父母总是使用同一套无效的沟通模式，孩子也就在这个过程中学会了对抗和内耗。"

丈夫："在这一点上我们的确做得不够，总是陷入彼此的争斗，忽略了孩子的感受。我们本来应该少给她一些压力，多给她一些支持才是。这一点，作为父亲，我深感惭愧。"妻子也附和着连连点头。

咨询师："孩子现在最担心的一定是妈妈的身体，不过随着你的状态的好转，他们都会在你的带动下好起来。"说着，咨询师用充满信任的眼神看向女孩。

女孩："我希望妈妈多爱自己一些，这样我才能好好学习。"

追溯杨氏夫妇的问题根源，面对家庭中所呈现出的此类困境，我不禁自问，当初如此稳固的情感关系为何会发展成目前的僵局？是什么消弭了曾经炙热的爱情？答案就指向那隐秘的流动其中的爱。

由于我们生命中的第一份爱的经验来自他人,很自然地会以为爱来自人我关系,这使我们渴求别人的认同,以跻身于爱。一旦这份关系低于期望值,失望就会导致我们认为自己是因为不够可爱才得不到爱和尊重。

这种"无爱感"是心的创伤:与其为差劲的自我形象而自责,不如设定出一个"可恶之人",罗织对方的错处——"都是你害我……"将自己化为受害者,以寻求安慰与满足。

当我们以为遭受轻蔑时,怒气突然一飞冲天,如同饱含猜疑和憎恨的水库,只等着泄洪,一丁点小事也会误开闸门。即使富于关怀和慈悲的人们,内心也藏有不少无爱感和理直气壮的怨气,在某些情况下可以一触即发。

有些夫妻在婚姻早期就表现得剑拔弩张,几次争吵便搞砸了刚刚建立起的亲密关系。另一些夫妻的婚姻看起来颇为美满,无爱感一时尚未宣泄,直到有一天,一方或双方忽然醒转过来,便认为对方眼中并没有自己,也不了解自己。相处多年的夫妻,妻子说"我知道老公爱我,但不知怎么回事,我就是感受不到被爱",这种情况并非少见。事实上,爱原本很简单,在我们刚陷入爱情时,它是"开放"和"温暖"的强力组合,让人真正去接触,将喜悦带进生命并心怀感恩,自足于自己、他人和生命本身。**心中纯洁而且无条件的肯定,才是爱的本质。**

爱的本真

如果爱的开放性像清澈无云的天空，它的温暖就像自天空直射而下的阳光，放射出彩虹般的光谱，包括热情、喜悦、接触、共享、仁慈、关怀、谅解、服务、奉献等。然而，如果我们不知道真实的自己就值得被爱，便无法对爱赋以信任，这会导致我们背弃生命，怀疑生命的慈悲，甚至会告诉自己：这世上找不到爱。

在约翰·威尔伍德看来，更深层的真相是：我们不信任爱，以致难以打开胸怀，让爱完全进入心门。这样我们便切断了与自己内心的联系，加深了缺爱的感觉。与爱断线，常常是由于在原生家庭中没有得到全然的接纳，当我们缺乏爱的环绕，就会陷入恐惧之中。不恰当的爱和教育，直接影响孩子敏感的神经系统，由此造成的某种程度的震撼或创伤，会影响他们一辈子。

无爱感因曲解爱与被爱而来。我们最熟悉的爱其实只是相对层面的，相对意味着一切随条件状况而变化。我们每个人有不同的身体、背景、个性、价值，也用独特的方式来对待生命，因此人与人之间的关系不可避免地将是二元对立且不稳定的。

然而进入生命的最深层后，我们可以如实承认并接纳一切，毫无保留地去要求、批判或操控，率直地面对自己的生命经验，也因此而有一颗开放而觉醒的心。

这种生命对生命的爱是绝对的、不设限的、无条件的，当绝对之爱在体内滚滚流动时，我们看到生命有其基本的尊严和神圣，并不需要仰仗外界的认可，于是再不会为渴望爱和恐惧失去所苦。

在生命深刻的和谐中，我们知道自己从没受过伤，也不可能被伤害，从而学会在每一个当下去超越、去成长、去爱，走上内在成长的道路，全然活在当下。

第七章

创建有再造力的自我

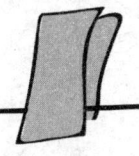

　　当我开始真正爱自己时，我会远离一切不健康的东西，我只专心做有趣和快乐的事，每一个发生都是对我成长的邀请，我不再把自己的意愿强加于人，不再总想着要永远正确、不犯错误，不再继续沉溺于过去，我只活在每一个当下，只活在此时此地。如果你生命中的云层遮蔽了阳光，那是因为你的心灵飞得还不够高，大多数人犯的错误是去抗拒问题，他们努力试图消灭云层，正确的做法是发现你上升到云层之上的途径，那里的天空永远是蔚蓝的。

——卓别林

23. 潜意识忠实于过去,也忠诚于未来

众所周知,性格是可以遗传的,它们往往会通过情绪或反应模式表现出来。比如,爸爸脾气暴躁,很可能孩子也会较为情绪化;妈妈优柔寡断,孩子会显得充满无力感。在一个家庭中,如果将父母看作是因,那么后代就是家庭的果,而流转其中所有的发生可以看作是业力。假如向上无限延伸,则会发现家族成员流淌在生命之河中,父母子女大都难以跳出命运的轮回。

很多人因此断言,假如性格不加以改善或调整,命运就会受制于此。那么通过个人成长、释放潜能是否能改写命运呢?答案是肯定的。这一方面是因为我们本自具足,大都有趋好的内在动力;还因为从出生那一刻起每个人都带着一样东西到来,那就是——爱。

看过《寻梦环游记》的朋友大都会感念于家族里流转的无比

深沉的爱。族人们为了紧密地联系在一起，会抛弃个人价值忠诚于祖先的信仰，还会因为爱的指引，找到那把开启真相的万能钥匙。就像电影中的米格，他是一个有音乐梦想的孩子。虽然出身于一个据说被音乐诅咒的家族，但他依然在背地里偷偷练习音乐。可是米格该与他人一样吗？为了表达对族人的绝对忠诚，我们会选择跟家人保持一致，这在一段时间内可能会利于我们融入集体。然而为了实现个人价值，潜意识通常还会安排更加独特的方式，让"潜能"登场——比如，祖先恰到好处的引路，并在一日日的坚守中闪现神迹。

  在我们的文化中，人们更愿意将其称为先知或导师，他能发现你的天赋之能，引领你走一条正确的道路。先知会以各种形式出现，他可能是我们的家人，也可能是我们的老师，甚至是一个萍水相逢的普通人——比如，电影里魅力十足的落魄乐手埃克托。然后在时间交接处的碰撞里生出无限可能，甚至在亡灵的世界里，都有可能改写落魄的命运，活成一个传奇。

  如你所见，个人要想释放"潜能"，通常会受到环境、资源、天赋、助缘等主客观条件的限制，假如事情进展顺利，达到一种"心流"的忘我状态时，就会如米格一样忘记自我、忘记时间。一个作曲家曾这样描述他的作曲经历："整个人处于一种欣喜若狂的状态，感觉自己好像不存在了……我的手好像没了知觉，眼前发生的一切似乎都与我无关。我只是坐在那儿，以一种敬畏和惊奇的心态面对一切。乐律源源不断地跳到指尖。"这不仅仅是艺术家才能拥有的经历，几乎在每件事中人们都可以感受到"心流"的感觉。

尊重序位，仍要活出个性

逝去的家人，于我们而言到底意味着什么呢？

从心理学角度看，每个家族都有一个动力场，他们的信念和成就，对家族成员具有深远的影响。这个意识场，不仅长期存在于我们的生活中，还决定着我们的选择、习惯，甚至命运。就像影片中的埃克托的曾爷爷，他是家族里的长老，可也是一个不愿被提起的人。他作为一种遗憾、挫败、伤痛而存在，就像照片上缺失的一角，象征着一种不圆满。

通常我们会将生死看得很重，甚至满是伤痛。而在墨西哥文化中，亡灵节这一天，死去的亲人会跨越生死的界限回到人间，和活着的人重聚。在他们的概念里，只要是亲人，就不会有别离；只要我们活着的人能够记住他们，他们的存在就具有意义。透过这些，我们还能体会到电影暗含的更深一层的意思：家族序位对整个家族能量场的深刻影响。

家庭排列大师海灵格在《爱的序位》一书中有这样一番论述：无论是谁，先来的就是先来的，后来的就是后来的。当这个序位受到敬重,家族系统中的爱就有最佳的流动。我们对"序位"这个词的使用表面上关乎时间上的先后,但更深层而言,它表示了一种舒适与对称的感觉。

家族中未解决的牵连纠葛,通常会需要为家族成员改换位置。因为我们感知周遭世界的方式,是心智按照时空来组织一切,我们的心智会赋予家族成员的位置内涵。那些不被我们接纳,甚至不被知晓的家人,对我们的生活同样有着深刻的影响。

在海灵格看来,疗愈集体无意识可以转化家族共业,而所谓的集体无意识,是指包含了祖先世世代代的活动方式和经验库存在我们的身上留下的能量痕迹。因而,在人类本初的生命树上,我们这些看起来现在不相关的人,都可能有着共同的源头。所以,当我们因为这样、那样的原因,触碰到内在那些隐藏的未被解开的能量结时,能量结就有可能随着自己的觉察而开始松动了。

找准位置,理性从众

社会心理学家阿希曾说:情景很模糊时,人们进行客观判断的把握性就会下降,也更容易出现从众现象。比如,当你前面的五个人给出了相同的答案时,你很难再确信自己的判断是否准确,这就是著名的 6 号被试者的实验。

我的朋友小南在高中文理分科时就遇到过这样的情况,尽管内心深处一直有一个作家梦,她还是在老师、家长说理科更有发展前景的情况下选择了理科。后来在填报志愿时,她又跟风报考了大家热衷的金融专业。看上去她一直在做大家认为正确的事,可是有一天她却跑来跟我说:"我终于活出了别人期待的样子,但这一切根本不是我想要的,我快要忍受不了了。"

我们无法探知每一个盲从背后的心理预期。通过小南的讲述,我又仿佛看到了一个总在挣扎的自我,它渴望被看见、被满足,但是因为从众的压力,好像做什么都是错的。马斯洛将人类的需求由低到高分为五个层次,分别是:生理需求、安全需求、社交需求、尊重需求和自我实现需求。人在满足基本的生存需求时,会倾向于使自己的认知与行为符合群体的、社会的标准和规范,希望被群体最大限度地认可及接纳;当人们倾向于追求爱、归属以及自我实现时,则会表现为追求自我完善和尊重自我意志。

从更大的系统上来说,这体现了人类自我意识的觉醒与进步。

人类自诞生以来,就在过着群体生活,这也就不难理解为何时时处处都会看到"忠诚于族人"的影子。这一方面可以帮助个体获得安全感和自信心,有利于形成统一的价值观和社会规范;另一方面个体为了迎合群体,会做出压抑个性、束缚自我、排斥独立思维、扼杀创造力的行为,从而选择与群体保持一致,来消除自身的恐惧和焦虑。

有人形容在与家人保持一致的过程中,我们每个人都像浪涛里的一滴水，当海浪朝着一个方向涌来时，身为其中的一滴水，如果不跟随海浪潮来潮去，就可能会被遗忘在沙滩上，干涸蒸发。这大概也道出了大多数人的紧迫现实。

命运，当我们无法抗拒时总喜欢这样讲，但是还有一个词叫机缘，它就像命运的双生子，总是紧随其后，默默地寻求解决之道。当我们知晓从出生那一刻起，就携带爱与梦想而来时，就可能成为自己家族的机缘。而体验是再好不过的东西，它让我们看清自己的内心所想。

24. 打破链条，模式决定命运

网上有一则流传很广的故事：一根细细的链条可以拴住一头重千斤的大象。这种现象在泰国很是常见。之所以出现这样的现象，是因为象在很小的时候就被人用锁链拴住，任凭小象怎么挣扎，都无法摆脱链条的限制。这也在小象心中种下了一种模式：不管如何使力，都无法挣脱锁链的束缚。即便它长大后有了轻易摆脱锁链的能力，也因为这种模式的作用而放弃了尝试。可以这么说，小象是因为现实中的锁链失去了自由，而大象则是因为内心的锁链失去了自由。由此可见，只有打破内心的锁链，积极寻求改变，才能够做自己命运的主宰者，过上自己想要的生活。

我只是用自己的方式在爱你

你是否遇到过这样的情况，有些人会将他人的爱和关心扭曲地理解为是一种苛责，然后会将这种误解泛化到每一段关系中。每每提及总是充满委屈和怨气，好像这个世界上没有人真的爱他、关注他、看见他了。

两年前的艾琳，就是这样糟糕的形象。那时候，职业学院毕业的她几乎找不到像样的工作，零零散散地工作了半年，便赋闲在家，做起了家务。

初次访谈是艾琳的爸爸一个人来的，那天风很大，他顶着一头白发，穿了一件军绿色的羽绒服，从走廊里弓着背蹒跚而来。和很多父母一样，艾琳的爸爸也是操碎了心。好不容易盼着孩子毕业了，希望能谋个正当的职业，找个像样的婆家，可是工作半年后，艾琳就不争气地整天窝在家里，当起了"家庭煮妇"。

"这种情况持续多久了？"我问。

"大概有一年半了，她整天大门不出二门不迈，几乎不与任何人来往；没有稳定的工作，对象更是无从谈起。即使有朋友提起给闺女相亲，男方深入了解后，也就不了了之了。这让我如何是好啊！打也打了，骂也骂了，一点效果都没有。"他摇摇头，叹了一口气。

"您自己是什么感受呢？"

"说实在的,我这一生也是蛮憋屈的。我和艾琳的妈妈年轻时忙于工作,将孩子放在老家,每月回去一趟,几乎很少过问她的情况。艾琳8岁后回城读小学,各种问题也接踵而来了。先是学习上遇到困难,后来人际关系变得紧张,在学校里总是被人欺负。"他摸了摸额头,像被烫着一样很快拿开了,接着又滔滔不绝地说起来。

"我和艾琳的妈妈除了给她频繁转学和报补习班之外,想不出更好的办法。有时候实在控制不住了,也会打骂她一番,即使这样,她的成绩也从来没好过。后来,艾琳的妈妈下岗了,我的工作也一直没有晋升。说来说去呀,这二十多年只剩下一声叹息!"看得出,一吐为快之后,艾琳的爸爸整个人舒展了许多。

艾琳后来说,如果不是问题到了无法收拾的地步,像爸爸这样爱面子的人,是绝不会想到出门求救的。但也正是父亲眼中的"无法收拾"为她带来了转机,从那以后她的人生才真正步入了正轨。

信念冲突累及亲子关系

初见艾琳时,她的表情是僵硬的,五官像连在布景上,极少晃动,显然她的笑肌并不发达。如果开心了,会从她的眼睛里看到一点喜色,点缀在安静的"幕布"上。艾琳说,这一点她是承传了奶奶,在奶奶看来,不苟言笑才是生活的常态。

一个小时内,艾琳有两次提到自己是没有童年的孩子。因为断奶以后,她便跟随奶奶在乡下生活,早已习惯了生活的艰苦。回城后,她希望通过努力做家务来获得父母的认可和欢心,因为从前奶奶就是用这种方式来肯定她的。

读到这里我们也许不难发现:艾琳的坚持、爸爸的固执,大都是因为彼此信息的不对称,而亲人之间信念的冲突,常常会累及亲子关系和孩子未来的发展,给家庭带来沉重的负担,最终也将影响家庭成员的运势。

美国家庭治疗大师维吉尼亚·萨提亚曾说:"沟通不畅、信息不对称、彼此间未能建立良好的亲子关系,这大概是很多问题家庭的共同表征。"然而,如果我们透过现象更加深入地了解一个家庭,探究其背后形成的根源,就会发现这大都与一个人的身份相关。萨提亚将其总结为四个核心因素:

第一,自我价值感很低。

第二,沟通间接、含糊、不真诚。

第三,规则严格、非人性化、不可谈判、永恒不变。

第四,家庭以畏惧、谴责的方式与社会发生联系。

萨提亚还将一个人对他自己的感觉和想法,称为自我价值感;将人们之间传递信息的方式,称为沟通;人们遵循着他们应该如何去感受和行动的规则,这些规则最终发展成为我们所说的家庭传统；人们与其他人以及家庭外的组织发生关系的方式，称为与社会的联系。

在问题家庭中生活，会让人感到不适，还会产生冷清的感觉，好像家里的每个人都被冻僵了。通常他们的身体会有僵硬、紧绷或无力的表现，有时脸色阴沉、忧伤或似面具般毫无表情；大家都在忍受着煎熬，将相处看成是一种义务，他们不能做到彼此欣赏和喜爱，几乎享受不到应有的幸福。

显然，在艾琳的家庭中，就是自我价值感、沟通、规则以及与社会的联系在发挥作用时出现了问题。尽管父母在养育孩子的过程中已经非常用力了，却未能找到一种更好的家庭生活方式，使家庭成员坐在一起时，真正感受到彼此眼睛里闪现的爱的光芒。

切断负面能量，提升自我价值感

艾琳说，自己的人生就像梦境一样，是黑白色调的。这一方面源于自己的童年经历，另一方面源于父母后来频繁的否定。她一次次刻意逃避幸福的可能，都是因为在内心深处认定自己是一个不配被爱的人。

所以说，当一个孩子的心理病了，通常是因为这个家庭病了。艾琳的奶奶因为从小失去母亲，所以培养了性格有缺陷的爸爸；然后，一个性格有缺陷的爸爸和一个低自我价值感的妈妈，养育了畏首畏尾的艾琳。整个家庭将父辈遗传的负面信息累积在艾琳身上，压得她苦不堪言。幸运的是，他们也在艾琳身上投射着解决的资源——那就是改变。因为只有改变家族成员间固有的模式，才能打破弥漫在遗传链条上、无限重复的命运怪圈。

幸运的是，艾琳做到了。

"一大早，听到爸爸在隔壁房间传来微弱的叹息，我才发现他已经不再年轻了。这一刻我忽然感觉到心疼，为爸爸的挣扎和衰老，为自己的不争气。我想，只要我们一家人在一起，只要他能健健康康的，一切都是充满希望的。"这是艾琳后来给我发的简讯。

如果我们将自己对世界体验后的感觉称为内在表象的话，那么每个人对同一事物的内在表象大概是千差万别的。

在给艾琳做治疗之前，早就听说她是一个不思进取、性情暴躁、喜怒形于色的人。参加了两次高考，才以刚刚达到分数线的成绩，被临市一家职业技术学院录取。第一次咨询之后，艾琳破天荒地翻出了所有的中学课本，开始补课。艾琳说，这是她有生以来最疯狂也是最坚定的一次行动，不承想幸运女神也是从那一刻开始，向她敞开了大门。

尽管艾琳的学历和知识储备不足以支撑她参加公考，她还是通过自己的努力顺利被录取到了公益性岗位。艾琳说，那是她第一次看到爸爸在自己面前流下欣慰的泪水。工作稳定之后，她通过相亲认识了现在的老公。目前婚姻幸福，并育有一个女儿。

心理学家一致认为，在一个家庭中，最灵活的部分往往起决定作用。艾琳改变模式、提升自我价值感之后，也就切断了代际间传承的负面能量。当链条被打破后，家庭也就重新焕发了生机。而在有生机、教养良好的家庭中，通常会看到不同的模式：

第一，自我价值感很高；

第二，沟通直接、清楚、明确、真诚；

第三，规则富有弹性，很有人性化，恰当而且可变；

第四，与社会的联系是开放、充满希望的，是在选择的基础上建立的。

在和谐家庭中，我们立刻就能感受到生机、真诚和爱意，也能体会到心灵、思想和灵魂的存在。大家可以自由地倾诉，充分享受一个人应有的权利。他们不仅身体健康、表情放松，家里还到处充满着和谐的气息。家人可以跨越年龄的界限，自由地表现彼此间的爱意，身体的接触舒适又自然，彼此间的关爱体现在自由的交谈和用心的倾听中。

此外，和谐家庭的成员可以随意倾吐自己的想法，比如，喜悦、幸福、成就感或失望、恐惧、愤怒、批评等话题。如果赶上爸爸心情不好，孩子也可以坦率地说："嘿，老爸，你今晚可不太对劲哦。"他不用担心爸爸会教训他，只是真诚地表达自己的想法；爸爸这时也会坦诚地说："我确实心情不太好，今天实在太糟糕了。"

打破问题家庭的链条,改变命运

那么除去专业的心理治疗,一个人是否可以通过自我成长,改变低自我价值感呢?

令人欣慰的是,所有人的自我价值感都是可以提高的,不管他现在是什么年龄或处于什么样的境地。因为低自我价值不是与生俱来的,而是后天习得的,所以我们可以通过学习更有价值的东西,来提升自我价值感。当我们看清了事物的真相,通过学习新的知识,形成新的理解模式,进而建立新的认知体系,也就获得了改变的可能。

如果一个人可以将这种学习贯穿一生,也就拥有了不断跃升的可能。

美国家庭治疗大师萨提亚在创建家庭治疗模式之初,就坚信所有的问题家庭都会变得和谐,导致家庭出现危机的大多数问题都不是固有的。她表示,既然自我价值感是后天获得的,就可以通过学习来改变,并总结如下:

第一,你必须承认你的家庭就是会偶尔出现问题;

第二,你要原谅自己以前所犯的错,允许自己做出改变,并相信事情一定会出现转机;

第三,下定决心做些改变;

第四,采取行动进行改变。

当我们识别了问题之后，放弃评判和指责，将努力的方向放在可以改变的事物上时，也会找到创造性的方法，并学会与我们不能改变的事物和谐相处。

假如问题家庭中的家长，能够做到言行一致，时时处处教导孩子，真诚地与孩子交流，并乐意与孩子分享欢笑、幸福、痛苦或失望；假如他们能够学会寻找机会，在孩子乐意倾听的时候进行说教；假如在孩子犯错时，能够帮助孩子战胜恐惧和愧疚，也就改变了家庭固有的模式，打破了代际间负向传播的链条。

人只有在认识到自己的价值并被认可时，才能有所收益，教育孩子亦是如此。当父母有意识地保护孩子的自尊心，在孩子想要倾听时，采取坦诚的方式询问原因、倾听心声、给予必要的关爱和理解，再加以引导，家庭教育就会收到良好的效果。

当父母有预见性地寻找应对问题的方法，意识到一个人的影响力在很大程度上取决于曾生长于怎样的家庭时，也就能更清楚，父母之爱是如何内化于孩子内心，并广泛散播在学校、商界和医院之中，然后发扬光大的。当我们深刻理解了个体改变对于一个家庭强有力的作用时，也就愈能明白打破链条，会给家庭和社会带来怎样巨大的价值。假如我们能够超越父辈遗留下来的模式之毒，并且把伤害降到最低，不传递给下一代，已经是功德无量了。

小结

萨提亚——自尊宣言

我就是我。

在这个世界上再也没有第二个我。我和某些人可能会有些许相似之处，但却没有一个人能和我完全相同。我的一切都真真实实地属于我，因为都是我自己的选择。

我拥有自己的一切：我的身体以及我的一切行为；我的头脑以及我的一切想法和观点；我的眼睛以及它们所看到的一切；我的所有感觉：愤怒、喜悦、友爱、失望和激动；我的嘴巴以及由它说出的一字一句，或友善亲切或粗鲁无礼，或对或错；我的声音：或粗犷或轻柔；还有我的所有行动，不论是对自己还是对他人。

我拥有我自己的想象、自己的梦想、自己的希望、自己的恐惧。

我的胜利和成功乃因为我，我的失败与错误也出于我。

因为我拥有自己的全部，我和自己亲密无间。我学习跟自己相处，爱惜自己，善待属于自己的一切。现在我可以为自己做一切了。

我知道，我的一些方面让我困惑，另外一些则使自己不解。

但只要我仍然善待自己、爱惜自己，我就有勇气、有希望解决困惑和进一步认识自我。

不管别人如何看我，不管那时我说了什么、做了什么、想到了什么、感觉到了什么，一切都真真实实地属于那时的自我。

当我回想起自己的表现、言行、思想和感受时，发现其中一部分已经不再适宜，我会鼓起勇气去抛弃不适宜的部分，保存经证实是适宜的部分，创造新的以代替被抛弃的部分。

我要能够看、听、感觉、说、做。我能够生存，能融入群体，能有所贡献，有所作为，让我所处的世界、我周围的人和事因我的存在而井井有条。

我拥有自我，那么我就能自我管理。

我就是我，自得其乐。

25. 放手去爱，重获幸福

中国海洋大学研究生毕业的婷婷做梦也想不到，曾经信誓旦旦、相处了6年之久的男友刚刚考入市直部门，就毅然决然地和她分手了。

婷婷是个单纯而痴情的姑娘，她用尽办法挽留但都不见效。眼看男友铁了心要放下这段感情，婷婷几乎陷入了绝望。此后一年半，她整日足不出户，以泪洗面。

后来，在闺密的反复劝说下，她才鼓起勇气，从家里走出来，来到工作室。刚一落座她又抽抽搭搭地哭起来，仿佛分手事件仍像千斤巨石一般，压在心头。她有两次忍不住站起来，捂着胸口，表示难以呼吸。

尽管婷婷一再表示，导致分手的原因，是自己不求上进，如果当时两人一起参加公考，可能就不会有这样的事情发生。然而她忽视了也许从一开始，这就是一段不能对等的关系。

50分钟的告别仪式后，婷婷把这段感情全然地放下了。她说，如果之前能够看清这段关系的本质，她就不用困在原地这么久。当一段关系走到尽头，也许在很早之前就已出现了问题，只是自己不愿相信而已。

把重担放下，婷婷脸上洋溢着喜悦。

从上一段感情中走出来后，她很快迎来了同一单位的追求者。那是一个温文尔雅的男孩子，如婷婷一般，是个内秀的人。随着时间的推移和两人关系的增进，我们看到了婷婷越来越多的笑容和生活中可喜的变化。

半年后，她顺利地考入了一家国企。2016年两人走入婚姻，婚后幸福美满，并生下了一个可爱的女儿。

很多时候，在我们感觉走投无路的时候，也许正是黎明前最黑暗的时刻。假如能正确看待创伤，而不是空留无用的悔恨与自责，将会发现自己比想象中要可爱得多。

婷婷的案例告诉我们：爱而不得并不可怕，只有自我救赎，才能重获幸福。

左手爱情，右手梦想

"你还相信爱情吗？"朋友在播放《爱乐之城》片尾曲时问我。

"你还记得最初的梦想吗?"我看着她狐疑的表情,不禁反问。

爱情与梦想,像一把双刃剑,很崇高却有致命的弱点,极具神秘又极其善变。你还抱有初心吗?还在那段艰难的跋涉里坚持吗?这些都在《爱乐之城》里得到了最好的呈现,即使有未尽之处,电影中的蒙太奇手法也会以它神奇的魔力丰富贫乏的现实,带给我们惊喜。

是啊,假如那个人是你,结果会不会不同?假如我们坚守最初的梦想,方向会不会同步?假如我们未曾经历变故,将怦然心动过成永恒,是不是就会过上"左手爱情、右手梦想"的生活?看多了生活的残缺,以及人到中年的厌倦、疲乏,甚至痛恨,我们很容易被影片中细小的真情戳中泪点。

在安静的影院,在他人的故事中,生活会以各种姿态向我们呈现得意与失意。然而,爱情与梦想是我们源于内心的渴望,也是困扰彼此的软肋。少年时看《大话西游》只是当作玩笑,以为遗憾这种事不可能、也不会发生,以为我们可以过上完全自主的人生。

如今重新拾起,泪水随乐声飞溅。哭过之后,方才明白,能得其一便是幸运;二者兼而有之,该是几世修来的福分,怎能有此奢望?

你会羡慕谁呢?米娅,还是塞巴斯蒂安?或许他们都在过着痛并快乐的生活,都已走向完整,却永失彼此。电影可以给我们两种不同的答案,然而生活却不能。每一个当下都源于我们上一刻的选择,每一个明天都由此刻的信念做指引,曾经我们都还年轻,以为有大把的时光可供挥霍。

亦舒写过一个故事叫《迷藏》,同样面对爱情和事业的抉择时,女主角王维元的妈妈问她:"像你这样进退两难的年轻女子可多?"维元答:"满街都是,车载斗量。"

不是只有电影里和小说里的人儿才会接受现实的考验,平凡如你我,有一天都可能面对如此选择,左转是爱情,右转是梦想,你就站在岔路口,内心如煮。

爱情与梦想像风筝的子母线,牵引着我们前行,然后不断选择、不断成长,直至完善。倘若有未尽的伤口,我们应做何解呢?

倾听内心,是最好的自我疗愈,如果你看到那份忧伤,听到了微弱的叹息,感觉到来自心底的疼痛,就请接纳它的存在吧!是它们构成了现在的我们,也只有被看到、听到、感受到,我们才能更好地了解自己,顺着内心的指引,走向一条只有完善而没有伤害的道路。

你的爱情止于何处

爱情,尽管说过无数次,在谈论时隐约闪现的淡淡忧郁,总能让每个人的心灵荡起一种同情和感动。

那么,一个人能够年复一年、持久不衰地爱下去吗?无论能或不能,每个人都只信奉自己心中由来已久的答案。莎士比亚曾说:"孩子,不论我们怎样自称自赞,男人的爱情总比女人们流动不定些,富于希求,易于反复,更容易消失而生厌。"可见,性别也是重要的影响因素。

看过《恋恋笔记本》的人,都感动于诺亚用一生书写的动人故事。

"If you are a bird, I am a bird!"

当诺亚深情款款地说出这句话时,他们的爱情无疑是伟大的。大多数人渴望与心爱的人像小鸟一样自由飞翔,大都是因为自由之难。对年少时的诺亚来说,他更希望自己是追随在艾丽身边的候鸟。从危地马拉而来,在她白色的房门前驻足,短暂的停泊后,再次随鸟群迁徙,远远的凝视,更像是表达对守候的渴望。

像大多数人的爱情一样,电影里的男主要面临各种世俗的考验,家世、学识、教养等。当这些一股脑儿地排列在现实面前时,一片真心就显得有些站不住脚,按照目前的世俗逻辑,故事也大都会止于现实,让路给前程。

然而,当年迈的诺亚为患有失忆症的艾丽阅读他们的故事时,我们再次看到了本能的两情相悦有多动人:他们在马路上跳舞,在树林里追逐,在海边嬉闹,在长椅上读诗,在旷野外学开车,有争吵,真实而喧闹——如果不是遇见你,或许我永远不会知道深夜的月光几时最明亮。

随着诺亚的讲述,往事再一次向我们走来……那年暑假,他们在艾丽父母的刻意安排下被迫分开。艾丽失去了诺亚的消息,诺亚也因战争的爆发成为一名军人,这一别便是7年。从战场归来的诺亚,虽然依然没有艾丽的消息,但他却一直记得和艾丽当初的诺言:诺亚买下了破败的温莎庄园,装修成艾丽喜欢的样子。当艾丽从报纸上看到诺亚和温莎庄园的事情时,她带着复杂的心情故地重游,曾经的破败焕然一新。她走进白色木屋,来到画室,推开蓝色的百叶窗:远处静谧的树林里,河流温润地流淌着,白天鹅悠哉地在水里休憩;阳光透过树林一束束地洒落在湖面上,缕缕金线般点缀于天鹅们洁白的羽翼上,一切都如此恬静美好。艾丽欣赏着如瀑布般映照进现实的梦想,内心一阵阵升起对爱人的惊叹。

为了这一刻,她等待了7年,尽管这是一个不经意的承诺。而帮她完成的,不是有钱的父母,不是事业有成的未婚夫(父母为其选定),而是分别7年的诺亚。艾丽的爱情,最终没有止于现实,而是选择了对未来的向往——一个为自己建造家园的人。

毫无疑问,世界上任何美好事物的获得,都需要勇气。但到最后,我们又会发现,仅凭勇气仍是不够的,上帝总会制造各种困难,考量我们的耐心与真情。一如基督山伯爵,在面对爱情时的谨慎与执着。等待与希望、坚韧与平衡，作为人类最宝贵的品格，它总能在一个个平凡而又丰富的故事中，闪现动人的光芒——真爱，不会止于现实、不会止于时间、不会止于距离，甚至不会止于生死。

爱的艺术

佛洛姆在《爱的艺术》一书中曾指出："坠入情网"这个概念自身就是矛盾的。因为爱是一种创造性的活动，人可以怀着爱的情感去行动但不能"坠入"其中。

在求爱期，双方关系还不确定，彼此都在试图去赢得对方的好感。他们生动活泼、富有吸引力和令人感兴趣，甚至可以说是美的。这时，谁也没有占有谁，每个人都将其精力集中于存在，也就是说，去奉献和激励他人。

关系稳定后，情况却往往会变得越来越糟糕。双方变得不再积极争取了，因为爱情变成了人的占有物，变成了一份财产。

当双方不再像以前那样可爱，不再试图赢得爱人的心时，他们就会感到无聊，然后会试着去改变对方，甚至忘却了原来的自己。所以，无论何时，我们都要明白自己的本心。

一辈子其实挺长的，最好能够真正地爱上一个人，宁可晚一点，切莫误一生。

真正的爱情，一个人一生只能有一次，还是可以有好多次？有些人会告诉你：钱锺书、杨绛这样一生只有一次严肃认真的爱情，才值得称慕；也有些人会跟你说：林徽因、徐志摩、胡适等人一生谈情说爱多次，才不虚此生。无论他人怎么说，人生都像小马过河，需要自己淌过，才知其中深浅。如果深爱，就放手去爱吧，愿你像艾丽、婷婷一样，在灿烂燃烧的真爱里，收获绽放的生命。

26. 恰到好处地使用潜能，完成生命的蝶变

人类作为精神存在物，从一生下来就蕴含着巨大的精神资源。假如我们按照内在节律顺势而为，并信赖自身的潜在资源，就能顺利度过每一个成长节点；假如我们的社会教育与自我教育都面向未来，而不把自己或他人看成是实现梦想的种子，大概每个人都能在广泛的社会实践中找准各自的位置，并能让"潜能"在体内生发，帮助个体发展自己的兴趣爱好，进而决定要怎样度过一生。

在这里，我们主要针对日常生活中常见的问题与症状，融合NLP、完形疗法、艾瑞克森简快疗法以及精神分析等主流学派的观点，形成了独具特色的潜能开发路径。在多年的实践中我们发现，大多数人的创伤来自童年，有时候甚至是一些微不足道的小事情。比如，在遭遇一次电梯事故后，人们就患上了乘降恐惧症；

在被群蜂攻击后,人们就有了蜜蜂恐惧症。如果我们能在极短的时间内学会恐惧,没有理由需要非常久的时间才学会其他技能,所以我们的策略是:用特殊的方式为你寻找一条可行的捷径。

传统心理学派大都聚焦于问题,通过寻找问题、呈现问题的方式,以期弱化对来访者的伤害。而我们的着眼点则在未来。假如一个人曾经有过一段不堪回首的往事,我们只要让他停止回忆就可以了,更好的办法则是,通过改变他的内在表象,让他养成一个感受幸福的习惯。

值得庆幸的是,在改变内在表象、触发新的神经链的过程中,我们发现一个人可以通过改变"触发"发生的路径,引发更多新的生命形态。当新的生命形态开展以后,以前的问题便不再称之为问题,大多数情况下它们仅仅作为一种背景而存在,这时候内在潜能也就被激发了。

就像一千个人心中就有一千个哈姆雷特,每个人的心灵样貌也是千差万别的。我们尊重每一个个体的独特性,也设计了一些别具一格的治疗方法,希望能帮助你实现自我疗愈。

如何才能吸引财富

每个人都想赚更多的钱,看上去赚钱的多少取决于你在哪里和正在做什么。通常当你找到了正确的方式后,并充分利用自身的资源进行投资,就会得到意想不到的收获。然而,更深的真相是,你的"身份"决定了你配拥有多少财富。

1. 首先在内心建立"你是有钱人"的信念,并尽量让画面显得充满动感。

2. 你可以回溯过去,看看你最坚定的信念的次感元是什么。想象你在不久的将来会成为一名成功人士,然后将这个画面挪开,并后移到坚定信念的次感元这里。请你反复多做几次。

3. 你发现自己获得财富的基础,是你熟悉的领域。

4. 你发现需要的机遇正在向自己靠近,然后你看到自己对行业内的信息一清二楚,运筹帷幄,并逐渐小有成就。

5. 这时候你的面前出现了一位同领域最权威的专家,请你向他请教操作上的所有问题。

6. 请你试着多问问自己,你将如何给这个世界锦上添花,并准备比以往任何时候都更有效率地工作。

如何轻松应对一场面试

在传统认知里,一场面试考察的是知识储备,而我要跟你说的是内在状态。因为考官在问问题时,关注的不仅是答案的正确与否,而是在寻找合适的人选。当你拥有完美的状态,当你真正在那里时,那么一切都将为你完美运作。

1. 想象某个你感觉有信心、超级被关注的时刻。回想当时你看到了什么、听到了什么。你看到自己意气风发、神采飞扬，内心洋溢着喜悦和激情，然后你感到这份自信在体内快速地旋转和放大，随着这种旋转，身体开始微微发热。

2. 这时你看到自己来到了面试地点，自信的感觉重新在体内旋转，你往考场靠近的每一步，都让这种旋转更加强烈，它们带给你无限的、自信的喜悦。

3. 你看到自己被允许坐在考官对面，面前还摆好了纸笔，你看到自己自信满满地回答每一个问题，并同时旋转这种感觉。

4. 这时你被问了一个未曾预料到的问题，然后你继续保持这个感觉旋转，并且自信清晰地回答了这个问题。

5. 把这个过程反复试练，当到了面试时间时，你会发现自己真的感觉非常有信心。

如何优化人际关系

我们处在社会之中，就不可避免地要与人交往，而高品质的社交又会促进我们在职场上有更加出色的表现。

1. 想象你正在公司组织的一个高级酒会上，这种场合让你感觉不安，这时请你注意自己紧张的感受，并注意它流动的方向。

2. 你感到它们在身体的某一个地方聚集，都聚集到一起时，你拿起这个感觉将它反转，使它朝相反的方向移动，并向相反的方向旋转得越来越快。

3. 注意你脑海中闪现的紧张声音，然后改变它，使得它不管说什么，声音都是非常放松的。

4. 把那些你不受欢迎，感到被拒绝或看起来紧张的图像移到遥远的地方，取而代之的是你正其乐融融地与人们聊天，他们专注而充满喜悦地看着你，这让你感觉到放松和坦然。

5. 你看到自己和每一个与会者交流，你感觉轻松和自在。他们都对着你微笑，每个人都很享受这个过程。

在唤醒潜能系列中，唤醒是指帮助人们在愿景、目的和精神方面成长和进化。比如，与潜意识对话、恰到好处地使用无意识资源、连接更大的系统。只有当我们跳出此时受困的盒子，打破旧有的习惯，超越抗拒和双重束缚的境地，才能在时时处处的更新中，踏上心灵成长的秘境。我们发现当一个人进入一种临在状态，当他放下预先的假设，便能够在某个特定的情景中体验一个新鲜的、没有偏见的观点，而这个观点的获得，恰恰与"潜能"相关。

如果一定要给"潜能"设定一个开关，那便是"活在当下"。当我们将所有的注意力放在此时此刻，当你对周围的一切是完全开放的，也就找到了一把开启智慧之门的金钥匙。

当我们把生命的蝶变过程当作修炼，生活中的点点滴滴、时时刻刻累积起来，必定会带来一次崭新的跳跃。自私的、懒惰的、狭隘的、好逸恶劳的、投机的习性会越来越少，担当的意识、独立的意识、关怀的意识、利他的意识会成为一种自觉……终于有一天，你可以站在镜子面前对自己说："瞧！这个人真的很不一般呢！"